AF567701

Onboarding

Praxis der Personalpsychologie
Human Resource Management kompakt
Band 37

Onboarding

Prof. Dr. Klaus Moser, Prof. Dr. Roman Souček, Dr. Nathalie Galais, Dr. Colin Roth

Die Re he wird herausgegeben von:

Prof. Dr. Jörg Felfe, Prof. Dr. Benedikt Hell, Dr. Rüdiger Hossiep,
Prof. Dr. Martin Kleinmann, Prof. Dr. Bettina Kubicek

Die Re he wurde begründet von:

Prof. Dr. Heinz Schuler, Dr. Rüdiger Hossiep,
Prof. Dr. Martin Kleinmann, Prof. Dr. Werner Sarges

Klaus Moser
Roman Souček
Nathalie Galais
Colin Roth

Onboarding

Neue Beschäftigte erfolgreich integrieren

2., überarbeitete Auflage

Prof. Dr. Klaus Moser, geb. 1962. Studium der Psychologie und Wissenschaftslehre an der Universität Mannheim. 1986–1995 wiss. Angestellter an der Universität Hohenheim, dort 1989 Promotion und 1994 Habilitation. Von 1995–1998 Professor für Arbeits-, Betriebs- und Organisationspsychologie an der Universität Gießen. Seit 1998 Professor für Psychologie, insbes. Wirtschafts- und Sozialpsychologie an der Friedrich-Alexander-Universität Erlangen-Nürnberg.

Prof. Dr. Roman Souček, geb. 1976. Studium der Betriebswirtschaftslehre an der Friedrich-Alexander-Universität Erlangen-Nürnberg und der Prague University of Economics and Business, Czech Republic. 2005 Promotion und 2018 Habilitation an der Friedrich-Alexander-Universität Erlangen-Nürnberg. 2002–2022 wiss. Mitarbeiter am Lehrstuhl für Psychologie, insbes. Wirtschafts- und Sozialpsychologie der Friedrich-Alexander-Universität Erlangen-Nürnberg. Seit 2022 Professor für Arbeits- und Organisationspsychologie an der MSH Medical School Hamburg.

Dr. Nathalie Galais, geb. 1969. Studium der Psychologie an der Universität Gießen und der Universidad Autónoma in Madrid. Lehrbeauftragte am Lehrstuhl für Psychologie, insbes. Wirtschafts- und Sozialpsychologie der Friedrich-Alexander-Universität Erlangen-Nürnberg. 2003 Promotion an der Universität Erlangen-Nürnberg. Seit 2019 Ausbildung zur psychologischen Psychotherapeutin am IVS Fürth.

Dr. Colin Roth, geb. 1978. Studium der Sozialwissenschaften an der Universität Erlangen-Nürnberg. 2003–2008 Organisations- und Personalentwicklung bei der GfK SE. 2007 Promotion im Fach Wirtschaftspsychologie an der Friedrich-Alexander-Universität Erlangen-Nürnberg. 2008–2010 Post-Doc an der University of Central Florida. 2008 Gründung des Beratungsunternehmens BlackBox/Open sowie 2016 Gründung des Softwareunternehmens Feedbit Software.

Die 1. Auflage des Bandes erschien 2018 unter dem Titel „Onboarding – Neue Mitarbeiter integrieren".

Bibliografische Information der Deutschen Nationalbibliothek
Die Deutsche Nationalbibliothek verzeichnet diese Publikation in der Deutschen Nationalbibliografie; detaillierte bibliografische Daten sind im Internet über http://dnb.dnb.de abrufbar.

Das Werk einschließlich aller seiner Teile ist urheberrechtlich geschützt. Jede Verwertung außerhalb der engen Grenzen des Urheberrechtsgesetzes ist ohne Zustimmung des Verlags unzulässig und strafbar. Das gilt insbesondere für Vervielfältigungen, Übersetzungen, Mikroverfilmungen und die Einspeicherung und Verarbeitung in elektronischen Systemen.

Hogrefe Verlag GmbH & Co. KG
Merkelstraße 3
37085 Göttingen
Deutschland
Tel. +49 551 999 50 0
Fax +49 551 999 50 111
info@hogrefe.de
www.hogrefe.de

Umschlagabbildung: © iStock.com / andresr
Satz: Franziska Stolz, Hogrefe Verlag GmbH & Co. KG, Göttingen
Druck: mediaprint solutions GmbH, Paderborn
Printed in Germany
Auf säurefreiem Papier gedruckt

2., überarbeitete Auflage 2024
© 2018 und 2024 Hogrefe Verlag GmbH & Co. KG, Göttingen
(E-Book-ISBN [PDF] 978-3-8409-3224-3; E-Book-ISBN [EPUB] 978-3-8444-3224-4)
ISBN 978-3-8017-3224-0
https://doi.org/10.1026/03224-000

Inhaltsverzeichnis

1 Einleitung: Grundlagen und Stellenwert

Auf den ersten Blick gibt es nur sehr wenig Fachliteratur zu den Themen Onboarding bzw. Integration neuer Mitarbeiterinnen und Mitarbeiter. Dies liegt bei genauerer Betrachtung allerdings vor allem daran, dass entsprechende Forschung, aber auch Methoden, Maßnahmen und Ratschläge, über verschiedene andere Themengebiete und unter verschiedenen Überschriften verteilt zu finden ist bzw. sind. Beispielsweise finden sich Überlegungen und Ansätze im Bereich des Personalmarketings (Moser & Sende, 2014) und der Personalauswahl (Schuler, 2014), aber auch die Trainings- und Personalentwicklungsforschung und das Leistungsmanagement befassen sich mit Teilfragen der Integration in die Organisation. Vor allem aber ist sie eine Themenstellung im Gebiet der organisationalen Sozialisation (Moser, Soucek & Hassel, 2014).

Organisationale Sozialisation steht für den Prozess der Vermittlung von Wissen, Fertigkeiten und Kenntnissen, Regeln, Normen, Rollenerwartungen und Werten von Organisationen an Individuen.

Dieser Prozess findet kontinuierlich statt und umfasst somit den Eintritt in die Organisation ebenso wie z. B. den Übergang in eine Führungsposition, die Rückkehr nach einer Erziehungspause oder die Vorbereitung auf den Ruhestand. Die Integration neuer Beschäftigter stellt somit ein Teilgebiet der organisationalen Sozialisation dar. Daneben existieren noch drei weitere Begriffe, die Überschneidungen mit dem Begriff Integration haben: Onboarding, Einarbeitung und Orientierung. Im folgenden Kapitel werden zum einen diese Grundlagenfragen der Begrifflichkeit und zum anderen Bedeutung und Aktualität des Themas „Onboarding“ bzw. „Integration neuer Mitarbeiterinnen und Mitarbeiter“ erläutert.

1.1 Grundlagen

1.1.1 Onboarding und Einarbeitung

Der Begriff *Onboarding* hat sich in der Praxis vieler Organisationen durchgesetzt, wenn es darum geht, dass Menschen zu neuen Beschäftigten werden. Was wird damit ausgedrückt, dass deren Aufnahme als „An-Bord-Nehmen“ beschrieben wird? Es werden damit drei Aspekte deutlich (Klein & Polin, 2012): Erstens ist organisationale Sozialisation primär etwas, was mit einer Person im organisationalen Kontext passiert. Onboarding steht dabei für *organisationale Maßnahmen,* die unter anderem zur Sozialisation beitragen sollen. Da diese Maßnahmen in einem frühen Stadium des Eintritts in eine Organisation stattfinden, können sie auch als

Einarbeitungsmaßnahmen bezeichnet werden. Zweitens gehören auch *proaktive Verhaltensweisen,* also solche Verhaltensweisen, die Individuen „aus sich heraus" zeigen (z.B. um Feedback bitten) zur Sozialisation, sie sind aber offensichtlich nicht Bestandteil der Einarbeitungsmaßnahmen durch die Organisation. Drittens schließlich ist organisationale Sozialisation ein überdauernder, *längerfristiger Prozess.* Im Gegensatz dazu bezieht sich die Einarbeitungsphase auf die ersten Wochen und Monate einer neuen Tätigkeit, und dies üblicherweise in einer neuen Organisation. Mehr als der Begriff Einarbeitung macht der Anglizismus Onboarding („an Bord nehmen") zudem deutlich: Die Umgebung ändert sich, bisherige Erfahrungen zählen nicht besonders viel, es gibt klare Grenzen, man kann nur unter erschwerten Bedingungen „das Schiff" wieder verlassen, es gibt ein Regelwerk und eine spezielle Kultur. Nicht zuletzt gibt es auch klare Passagen, die Neulinge durchlaufen (vgl. die traditionellen Unterscheidungen von Schiffsjunge, Jungmann, Leichtmatrose, Vollmatrose). „Learning the ropes" hat sich als Idiom für „sich einarbeiten" durchgesetzt, eine Abwandlung von „know the ropes", ein alter seemännischer Begriff, der wörtlich dafür steht, dass man weiß, wie die Taue an Bord zu handhaben sind, um Segel zu setzen bzw. einzuholen. Dabei schwingt aber weit mehr Bedeutung im Anglizismus mit als im nüchternen Begriff der Einarbeitung, mit dem z.B. auch ein schlichtes Anlernen an einer Maschine gemeint sein kann.

Zusammenfassend beschreiben Onboarding und Einarbeitung Maßnahmen der Organisation, die mit der Aufnahme in die Organisation beginnen und in überschaubarer Zeit enden. Es werden Wissen, Fertigkeiten und Regeln vermittelt. Im Begriff Onboarding schwingt dabei mit, dass es gewichtigere Veränderungen sind, während die Einarbeitungsmaßnahme suggeriert, es gehe um einen überschaubaren zeitlichen Aufwand für die Beteiligten. Mittlerweile ist der Begriff Onboarding sehr populär geworden, weshalb er auch in diesem Buch verwendet wird, und zwar weitgehend gleichbedeutend mit organisationalen Maßnahmen zur Integration neuer Mitarbeiterinnen und Mitarbeiter in die Organisation.

1.1.2 Orientierung und organisationale Sozialisation

Eine weitere Unterscheidung im Themengebiet der Integration neuen Personals ist diejenige von organisationaler Sozialisation und Orientierung (Wanous, 1993). Orientierung steht für den Prozess, durch den Mitarbeiterinnen und Mitarbeiter die organisationalen Regeln, Prinzipien und Verfahrensweisen erlernen. *Orientierungsprogramme* sollen aber nicht nur Wissen vermitteln, sondern auch Unsicherheit reduzieren und Enttäuschungen vermeiden helfen. Damit wird zugestanden, dass Onboarding oder Einarbeitung nicht nur an fehlendem Wollen und Können der Neulinge scheitern könnten. Orientierungsprogramme zielen vor allem darauf ab, Stressreaktionen zu reduzieren, sie sind dabei eher formaler Natur und dauern meist nur kurze Zeit (wenige Stunden bis eine Woche). In den meisten Fällen beginnt der Orientierungsprozess bereits, bevor die Neulinge die Organisation überhaupt betreten, zum Beispiel über Informationen auf der Website, über anderes zur Verfügung gestelltes Material oder die Formulare, die sie vonseiten der Personalabteilung auszufüllen haben (Feldman & O'Neill, 2014). Damit ist ein weiterer Unterschied zu Onboarding und Einarbeitung eingeführt.

Kurzfristigkeit und vergleichsweise konkrete Ziele sind bestimmende Merkmale von Orientierungsprogrammen, die vor allem der Wissensvermittlung und dem Kennenlernen dienen, und zu denen Maßnahmen wie formale Orientierungsveranstaltungen (Informationen über die Organisation, die Produkte, die Abteilungen usw.), externe Schulungen oder Seminare für neue Mitarbeiterinnen und Mitarbeiter zählen. Ähnlich wie beim Onboarding oder der Einarbeitung spielen Orientierungsprogramme vor allem dort eine bedeutende Rolle, wo es zu Beginn des Eintritts in eine Organisation darum geht, spezifisches Wissen über Regeln und Prozeduren zu vermitteln. In solch einem Fall würde man also erwarten, dass erfolgreiche Orientierungsprogramme dazu beitragen, das Ausmaß an *kontraproduktivem Verhalten* zu reduzieren, man könnte auch sagen: Konformität sicherzustellen.

Damit ist nun zugleich eine Antwort auf die Frage möglich, warum oft der Begriff *„Integration“* verwendet wird. Damit soll nämlich deutlich gemacht werden, dass dort eine größere Nähe zur organisationalen Sozialisation existiert, wo es um die Vermittlung bzw. die Aneignung von Normen und Werten geht. Die Bedeutung von weiterreichenden Methoden der organisationalen Sozialisation ist demgegenüber dort größer, wo es darum geht, dafür zu sorgen, dass Kultur und Klima einer Organisation auf eine Art und Weise vermittelt werden, dass diese leistungsrelevant werden. Beispielsweise kann man über Arbeitszeitregeln berichten, das Funktionieren der Stechuhr erläutern usw. und damit darauf abzielen, Pünktlichkeit zu gewährleisten. Man kann aber auch Vertrauensarbeitszeit propagieren, durchblicken lassen, dass „hier keiner auf die Uhr schaut“, wenn noch ein Kundenauftrag zu erledigen ist oder Erzählungen über 80-Stunden-Wochen kultivieren. Dabei ist im Übrigen davon auszugehen, dass die stärksten Effekte von Kultur und Klima nicht im Bereich der Kernleistung, sondern des *Extra-Rollenverhaltens* („Organizational Citizenship Behavior“ wie Hilfsbereitschaft, Loyalität oder Verzicht auf Kleinlichkeit) feststellbar sind (Feldman & O'Neill, 2014). Wenn man sich also die Frage stellt, wie produktiv denn in den oben gemeinten Organisationen gearbeitet wird, dann sollte im letztgenannten Fall gar nicht unbedingt eine hohe Kernleistung erwartet werden, vermutlich kann man aber erleben, dass sich die Betreffenden gegenseitig helfen, positiv über ihre Arbeit und ihre Organisation sprechen und eventuelle Probleme untereinander nicht gleich mithilfe eines Betriebsrats oder gar eines Arbeitsgerichts verhandeln müssen.

Eine klare Abgrenzung zwischen Orientierung und Sozialisation wird zwar gelegentlich gefordert und vorgenommen (Wanous, 1993), sie kann aber nicht besonders trennscharf ausfallen. Beispielsweise haben Einarbeitungsmaßnahmen durch andere Teammitglieder bzw. die Arbeitsgruppe oder eine Führungskraft (vgl. u.a. Bauer & Green, 1998) vermutlich sowohl unmittelbar orientierende als auch längerfristig sozialisierende Auswirkungen.

In Tabelle 1 sind die Unterschiede zwischen den Themengebieten des Onboardings und der organisationalen Sozialisation sowie Einarbeitung und Orientierung zusammenfassend dargestellt.

Tabelle 1: Onboarding vs. Organisationale Sozialisation

Onboarding	Einarbeitung	Orientierung	Organisationale Sozialisation
Maßnahmen der Organisation, die mit der (absehbaren) Aufnahme in die Organisation beginnen und nach längerer, aber noch überschaubarer Zeit enden. Inhalte können auch die Vermittlung einer Kultur oder die Ermutigung von Proaktivität sein.	Maßnahmen der Organisation, die nach der Aufnahme in die Organisation beginnen und nach relativ kurzer Zeit enden, wobei der Fokus auf die Vermittlung von Wissen, Fertigkeiten und Regeln gerichtet ist.	Maßnahmen der Organisation, die mit der (absehbaren) Aufnahme in die Organisation beginnen und nach relativ kurzer Zeit enden, wobei Regeln, Prinzipien und Verfahrensweisen vermittelt werden.	Prozess, in dem Wissen, Fertigkeiten und Kenntnisse, Regeln, Normen, Rollenerwartungen und Werte von Organisationen an Individuen vermittelt bzw. vom Individuum erworben und/oder weiterentwickelt werden.
Das Individuum wird in die Organisation integriert, erhält Angebote, soll teilweise Bisheriges „loslassen".	Das Individuum wird in die Organisation integriert, angepasst und für die Arbeitstätigkeit „fit gemacht".	Das Individuum wird in die Organisation integriert und angepasst.	Das Individuum wird beeinflusst, entwickelt sich und beeinflusst seine Umwelt.
Mittelfristiger Prozess, positions- und organisationsorientiert	Kurzfristiger Prozess, positionsorientiert	Kurzfristiger Prozess, organisations- und positionsorientiert	Langfristiger Prozess, berufslaufbahnorientiert

1.1.3 Onboarding: Integration von Beschäftigten in die Organisation

Mit den hier verwendeten Begriffen „Onboarding" und „Integration in die Organisation" wird zum Ausdruck gebracht, dass es um länger andauernde Prozesse geht, gleichwohl sollen aber auch Methoden behandelt werden, die kurzfristige Ziele und Maßnahmen betreffen. Zudem geht es sowohl darum, wie Individuen integriert werden, als auch, wie diese sich selbst integrieren. Integration und Onboarding gehen über Einarbeitung und insbesondere Orientierung hinaus, es handelt sich um einen Prozess der Aufnahme in soziale Systeme. Diese Aufnahme ist nicht nur formaler Natur, dass also die Mitgliedschaft festgestellt wird, sondern sie bedeutet auch eine Standortbestimmung, es gilt die eigene Rolle zu finden und soziale Beziehungen aufzubauen. In der Hauptsache geht es darum, dass sich Individuen in diese Systeme erfolgreich integrieren, auch wenn dies in Einzelfällen bedeuten kann, dass es dem Individuum gelingt, jene Systeme sogar zu verändern oder zumindest dazu zu bringen, auch Eigenarten des Individuums zu akzeptieren.

Onboarding richtet sich in erster Linie an die neuen Mitarbeiterinnen und Mitarbeiter, an den Onboarding-Maßnahmen sind zudem weitere Akteure beteiligt, wie etwa Führungskräfte und Teammitglieder, aber auch Einrichtungen der Organisation, wie z. B. die Personalabteilung (siehe Abbildung 1).

Abbildung 1: Akteure des Onboardings

1.2 Stellenwert und Aktualität

Wie bedeutsam ist es aber nun, sich mit der Frage der Integration von Beschäftigten auseinanderzusetzen? In den letzten Jahren war viel die Rede davon, dass weder Individuum noch Organisation ein erhebliches Interesse daran hätten, intensivere Beziehungen einzugehen. Der *psychologische Vertrag* zwischen Beschäftigten und Organisationen habe sich insbesondere im Zuge der zunehmenden Flexibilisierung und Instabilität von Beschäftigungsverhältnissen gewandelt. So wurde behauptet, Individuen würden ihre Arbeitsplätze innerhalb von 20 Jahren annähernd zehnmal wechseln, was einem Neueintritt in eine Organisation im

Rhythmus von zwei Jahren entspreche (Bauer & Erdogan, 2011). Allerdings sind weder diese Argumentation besonders überzeugend, noch die sich daraus ergebenden Konsequenzen klar. Zum einen gibt es Belege dafür, dass der Wandel in der Qualität der Beschäftigungsverhältnisse gar nicht so erheblich ist, wie lange Zeit behauptet wurde (Moser, Hecker & Galais, 2016). Zum anderen sollten eigentlich gerade fragilere Beschäftigungsverhältnisse dazu anregen, sich umso mehr Gedanken über eine erfolgreiche Integration zu machen. Sei es, dass diese umso häufiger erforderlich ist, sei es, dass angesichts zunehmend diverser Gruppen von Beschäftigten (z.B. Kernbelegschaft vs. flexibel Beschäftigte) neue, flexible Formen der Integration entwickelt werden müssen.

Darüber hinaus sprechen aus unserer Sicht drei übergreifende Trends dafür, weiterhin große Erwartungen an Maßnahmen zur Integration haben zu müssen: (1) Demografischer Wandel und Diversität, (2) die Veränderung und insbesondere Virtualisierung von Arbeitsbeziehungen und (3) das immer deutlicher werdende Spannungsverhältnis von Verlässlichkeit und Flexibilität, mit dem viele Organisationen konfrontiert werden.

1.2.1 Demografischer Wandel und Diversität

Ein wesentlicher Anlass dafür, sich mit der Herausforderung „Integration in die Organisation" zu beschäftigen, sind absehbare bzw. bereits stattfindende demografische Veränderungen. Dies betrifft zunächst einmal *jüngere Mitarbeiterinnen und Mitarbeiter,* und dies aus drei Gründen: Erstens erleben mittlerweile viele Organisationen ein quantitatives Defizit an qualifizierten Bewerbungen für Ausbildungsplätze und Einstiegstätigkeiten, was es umso wichtiger macht, für eine erfolgreiche Integration zu sorgen. Dies führt u.a. dazu, dass Organisationen auch mit der Qualität ihres Integrationsprogramms werben (siehe das Beispiel im Kasten).

Beispiel: Onboarding bei ALTANA

Der Prozess des Einstiegs und der beruflichen Entwicklung beginnt in diesem internationalen Konzern mit dem Onboarding. Drei Komponenten werden dabei unterschieden:

- „*Vor dem ersten Arbeitstag:* Bereits vor dem ersten Arbeitstag wird Ihr Kommen im Unternehmen angekündigt. Sie finden einen gut ausgestatteten Arbeitsplatz vor und erhalten einen Einarbeitungsplan.
- *Begrüßung:* Am ersten Tag werden Sie persönlich durch Ihren Vorgesetzten begrüßt und im Unternehmen rundgeführt. Dabei werden Sie Ihren Kollegen vorgestellt und lernen alle wichtigen Räumlichkeiten kennen. Sie erhalten eine Willkommensmappe mit Unterlagen über den Konzern und die lokale Gesellschaft.

- *Die erste Woche:* In den ersten Tagen führen Sie mit Ihrer Führungskraft diverse Einarbeitungsgespräche. Hierzu gehört auch die Vorstellung des Unternehmens, der Geschäftsbereiche und der Unternehmenskultur. Sie erhalten zudem eine Sicherheitsschulung. Produktions- und Laborbesichtigung sowie Gespräche mit dem Personalbereich gehören in der Regel auch zum Einarbeitungsprogramm. Informationen zur IT und zum Administrationsbereich werden durch die Organisationseinheit bereitgestellt. Darüber hinaus gibt es eine Vielzahl an Leitfäden für bestimmte Vorgänge."

Quelle: https://www.altana.de/karriere/warum-altana/vorteile.html (abgerufen am 22.06.2023)

Zweitens nimmt die Diversität in Bezug auf die ethnische Zugehörigkeit und die Nationalität von potenziellen Arbeitnehmerinnen und Arbeitnehmern in Deutschland stetig zu. So lebten Ende 2021 ca. 11,82 Millionen Ausländer in Deutschland. Die Zahl der ausländischen Bürger in der Bundesrepublik Deutschland hat sich damit in den letzten 10 Jahren um ca. 71 % erhöht und der Ausländeranteil stieg auf 13,1 % an. Die Anzahl der sich in Deutschland aufhaltenden Schutzsuchenden ist dabei von 2007 bis 2022 um mehr als das Sechsfache angestiegen, nämlich von 0,457 auf 3,079 Millionen (Statista, 2023a). Die größte Gruppe mit rund einer Million stammt im Jahr 2022 aus der Ukraine, gefolgt von 0,674 Millionen Menschen aus Syrien (Statista, 2023b). Die Entwicklung hinsichtlich der Einbürgerung von Ausländern in die Bundesrepublik Deutschland ist in den vergangenen zwei Jahren wieder angestiegen auf 0,169 Millionen im Jahr 2022 (Statista, 2023c). Bei Betrachtung dieser Zahlen muss berücksichtigt werden, dass die Zahl der Fortzüge von Ausländern aus Deutschland in den letzten zehn Jahren ebenfalls stetig gestiegen ist auf 1,224 Millionen Personen im Jahr 2022 (Statista, 2023d). Im Jahr 2022 hatte fast jede dritte erwerbstätige Person in Deutschland einen Migrationshintergrund (Statista, 2023e).

In der Vergangenheit begegneten offensichtlich viele Arbeitgeber den Bewerberinnen und Bewerbern mit Migrationshintergrund sowie aus dem Ausland mit Skepsis. Zschirnt und Ruedin (2016) fanden in ihrer Metaanalyse, die auf Feldexperimenten in unterschiedlichen OECD-Ländern basiert, dass Bewerber und Bewerberinnen mit Migrationshintergrund benachteiligt wurden und eine geringere Resonanz auf identische Bewerbungen erhielten im Vergleich zu Personen ohne Migrationshintergrund. Hier wird deutlich, dass Vorurteile und negative Einstellungen gegenüber bestimmten ethnischen Gruppen zu Diskriminierung führen. Diese betraf gleichermaßen die erste und die zweite Generation von Migrantinnen und Migranten, obwohl bei der zweiten Generation Sprachschwierigkeiten und Unterschiede im durchlaufenen Bildungssystem keine Rolle mehr spielen sollten. Die Autoren beobachteten länderspezifische Präferenzen und systematische Benachteiligungen unterschiedlicher ethnischer Gruppen. Weiterhin konnten Zschirnt und Ruedin (2016) zeigen, dass Informationsdefizite bezüglich der Einordnung und Beurteilung von schulischen und beruflichen Vorerfahrungen im Ausland ebenfalls zu Benachteiligung führen können, auch wenn diese für die Benachteiligung weniger bedeutsam waren als Vorurteile gegen bestimmte ethnische Gruppen.

Unter jüngeren Menschen mit Migrationshintergrund haben insbesondere männliche Jugendliche in Deutschland schlechtere Chancen auf dem Arbeitsmarkt, selbst wenn man Ausbildungsniveau, Schulnoten, Sprachkompetenzen, Qualität der sozialen Netzwerke, Suchverhalten und Ausbildungspräferenzen statistisch kontrolliert (Diehl, Friedrich & Hall, 2009). Nach einer Untersuchung des Bundesinstituts für Berufsbildung aus dem Jahr 2011 hatten 6,6 % der Auszubildenden in Deutschland einen Migrationshintergrund, wobei dieser dann als gegeben galt, wenn diese im Ausland geboren waren oder keine deutsche Staatsangehörigkeit hatten. Dieser Definitionshinweis ist deshalb bedeutsam, weil in anderen Statistiken in Deutschland beispielsweise schon dann von einem Migrationshintergrund gesprochen wird, wenn ein Elternteil nicht in Deutschland geboren ist.

Vorbehalte gegen bestimmte Ethnien können verschieden begründet sein. Es ist nicht nur denkbar, dass schlichte Antipathien gegenüber bestimmten Ethnien Entscheider beeinflusst haben. Etwas subtiler könnten Überlegungen sein, dass von einer befürchteten negativen Reaktion von Kunden oder Klienten ausgegangen wird oder auch einer allgemein schwierigeren Integration von Jugendlichen mit Migrationshintergrund in die spezifische Arbeitsgruppe, aber auch in die gesamte Organisation. Teilweise mögen es auch Bedenken sein, dass im Falle von Jugendlichen das Ausbildungsverhältnis keinen Bestand haben könnte. So bestand etliche Jahre für die in Deutschland Schutz suchenden Flüchtlinge, die Asylbewerber aus unsicheren Herkunftsländern waren und in einer Berufsausbildung standen, keine Sicherheit, zumindest für drei Jahre, also bis zum Ende der Ausbildungszeit, in Deutschland bleiben zu dürfen.

Teile der Politik scheinen reagiert zu haben. Menschen, die im Jahr 2022 aus der Ukraine flüchten mussten, wurde generell schneller als bisher die Möglichkeit gegeben, sich in den Arbeitsmarkt zu integrieren. Die Umsetzung oblag allerdings der Eigeninitiative der Geflüchteten und der Offenheit einzelner Organisationen. Erfahrungen zu erfolgreichen Integrationsprozessen haben daher nur anekdotischen Charakter. Es drängt sich aber der Eindruck auf, dass private Initiativen von Helferinnen und Helfern ausschlaggebend für die Herstellung von Kontakten mit Organisationen waren.

Angesichts des Fachkräftemangels und der steigenden Anzahl von Geflohenen, die in Deutschland Zuflucht suchen, stellt sich die Frage, welche Integrationsmaßnahmen bisher ergriffen wurden und welche Erfahrungen die Geflohenen und die Arbeitgeber hiermit gemacht haben. Hierzu gibt es jedoch kaum Forschungsergebnisse. Eine qualitative Studie kommt zu dem Schluss, dass deren Integration kaum institutionalisiert ist und stattdessen von den Kolleginnen und Kollegen sowie Vorgesetzten am Arbeitsplatz die notwendige Unterstützung geleistet wird, um sprachliche, kulturelle und bürokratische Hürden zu überwinden (Rybnikova & Wilkmann, 2021).

Institutionalisierte Angebote und strukturierte Prozesse der Integration von Beschäftigten aus anderen Ländern finden sich demgegenüber in international ausgerichteten Organisationen im Umgang mit sogenannten „High Potentials". Die Maßnahmen kommen sowohl bei der Rekrutierung neuer Mitarbeiterinnen und Mitarbeiter aus dem Ausland als auch bei der Eingliederung von Expatriates, die organisationsintern von Standorten in anderen Ländern wechseln, zum Einsatz. Hierbei kümmert sich das Relocation Management um die Organisation vieler Lebensbereiche, z. B. die Wohnungssuche oder Ämtergänge sowie Sprachkurse, Familiennachzug und Dual-Career-Angebote.

Zunehmende Diversität bedeutet auch, dass mehr *ältere Menschen* erwerbstätig sind und bleiben. Und auch das Thema Integration betrifft vermehrt Ältere, und dies aus zwei Gründen: Zum einen sind Organisationen durchaus bereit, auch älteren Bewerberinnen und Bewerbern Ausbildungsplätze anzubieten (siehe das Beispiel im Kasten), und berufliche Veränderungen im fortgeschrittenen Alter sind nicht nur exotische Ausnahmen.

Ältere als neue Auszubildende

„Ausbildung 50+" – Mit diesem Begriff wirbt die ING-DiBa um über 50-Jährige, die einen Wiedereinstieg ins Berufsleben anstreben. Sie können eine Ausbildung zum Bankassistenten – in den Schwerpunkten Immobilienfinanzierung oder Kundendialog – beginnen. Im Jahr 2011 wurde das Unternehmen für diese Initiative mit dem Deutschen Diversity Preis für das innovativste Projekt ausgezeichnet.

Quelle: https://www.ing.de/ueber-uns/presse/pressemitteilungen/ausbildungsjahrgang-50-nuernberg (abgerufen am 22.06.2023)

Auch aus der Verlängerung der Lebensarbeitszeit bzw. der Verschiebung der Verrentungsgrenzen resultieren mehr Personen, die in weiter fortgeschrittenem Alter noch zu neuen Mitarbeiterinnen und Mitarbeitern werden können. Der Anteil der über 60 Jahre alten erwerbstätigen Personen hat seit der Jahrtausendwende erheblich zugenommen. Zudem nimmt der Wunsch zu, auch *nach* Beginn der Rentenzeit noch erwerbstätig sein zu wollen, sei es aus Interesse, sei es aus schlichter finanzieller Notwendigkeit. Solche „Brückentätigkeiten" können auch neue Aufgaben und damit die Integration in neue Organisationen bedeuten.

Demografischer Wandel und Zunahme von Diversität liegen oft nahe beieinander bzw. werden oft zusammen diskutiert. Die gerade erwähnte Verlängerung der Lebensarbeitszeit ist ein Resultat des demografischen Wandels, nämlich abnehmender Geburtenraten bei gleichzeitiger Zunahme der durchschnittlichen Lebensdauer. Hieraus kann aber auch mehr kulturelle und ethnische Diversität resultieren, wenn aufgrund von Personalmangel Menschen aus anderen Ländern und teilweise sogar Kontinenten rekrutiert werden.

Diversität kann aber auch aus Wanderungsbewegungen resultieren, aus dem Wunsch bzw. Entschluss, in ein anderes Land zu emigrieren, in manchen Fällen sind es aber auch wirtschaftliche Not oder die Furcht um das eigene Leben oder das der Familie. Selbst qualifizierte Immigranten sind mit verschiedenen Herausforderungen konfrontiert (Zikic, Bonache & Cerdin, 2010):

- Defizite in spezifischem „lokalem Kapital" (Zertifikate über Ausbildung und Kompetenzen werden im örtlichen Arbeitsmarkt nicht anerkannt)
- Defizite in lokalen Ressourcen und Netzwerken (z.B. mangelnde Ortskenntnisse, fehlende nachbarschaftliche Beziehungen)
- Mangelnde Kenntnisse der strukturellen und institutionellen Rahmenbedingungen des neuen Landes (z.B. Kenntnisse in Arbeitsrecht oder über Institutionen des Arbeitsmarkts)

Das Thema Migration und Integration kann man aus der Perspektive einer erschwerten Integration von Menschen mit Migrationsstatus diskutieren. Nicht nur sprachliche Barrieren und Qualifikationsmängel, auch Werthaltungen, Vorbehalte von Kolleginnen und Kollegen oder Kunden mögen erschwerend hinzukommen. Dabei ist die Integration in das Beschäftigungs- und Bildungssystem nur eine von mehreren Herausforderungen der Integrationsproblematik. Neben dieser strukturellen Integration gibt es auch kulturelle (Sprache, Gewohnheiten, Werthaltungen), soziale (z.B. die Integration in die soziale Umgebung, etwa den Stadtteil) und psychologische (z.B. die Identifikation mit der neuen Gesellschaft) Integrationsfragen. In der Integrationsforschung wird sogar vermutet, der Integration in das Bildungs- und Beschäftigungssystem komme eine besonders große Bedeutung für die Chance des Erfolgs der allgemeinen Integration in eine Gesellschaft zu (de Vroome & Verkuyten, 2015; siehe Kasten).

Neues Personal mit Migrationshintergrund – Flüchtlinge in Deutschland

Daten aus September 2015 sprechen dafür, dass die berufliche Qualifikation der Flüchtlinge deutlich geringer ist als bei anderen Ausländergruppen, im Bereich der schulischen Bildung ist das Gefälle nicht ganz so stark (Brücker, Hauptmann & Vallizadeh, 2015). Generell gibt es ein deutliches Bildungsgefälle zwischen Geflüchteten und dem Bevölkerungsanteil, der in Deutschland geboren ist. Hierbei gilt es jedoch zu berücksichtigen, dass Geflüchtete im Durchschnitt jünger sind und ihre Bildungsbiografien daher noch nicht abgeschlossen haben. Insgesamt zeigt sich ein positiver Trend, wonach sich die Arbeitsmarktintegration in den letzten Jahren beschleunigt hat und etwa die Hälfte der Geflüchteten fünf Jahre nach Zuzug einer Erwerbsarbeit nachgeht (Brücker, Kosyakova & Schuß, 2020).

Die bereits eingangs erwähnten Veränderungen in der demografischen Zusammensetzung der westlichen Bevölkerungen führen zwangsläufig zu mehr Diversität in der Erwerbsbevölkerung. Dies betrifft die zunehmende Zahl an Personen mit Migrationshintergrund, den Anteil an Frauen in der erwerbstätigen Bevölkerung, die Zunahme älterer Beschäftigter und von Personen mit vermeintlichem Handicap (siehe das Beispiel im Kasten). Für viele Organisationen ist die Vorstellung, „Behinderte" zu beschäftigen, noch keine Selbstverständlichkeit. Initiativen wie die Organisation von „Schnuppertagen" durch das Franziskuswerk (https://www.franziskuswerk.de/2022/03/30/integrationstag-2022) sind ein Beispiel, wie Organisationen dazu ermuntert werden, die Integrierbarkeit vermeintlich leistungsgewandelter Menschen zu überprüfen.

Leistungsgewandelt oder besonders leistungsfähig?

SAP hat im Mai 2013 bekannt gegeben, weltweit mit dem Unternehmen Specialisterne zusammenzuarbeiten, um Menschen mit Autismus als Softwaretester, Programmierer und Spezialisten für Datenqualitätssicherung einzustellen. Mit der gezielten Förderung der einzigartigen Talente von Menschen mit Autismus möchte SAP diese dabei unterstützen, einer sinnvollen Beschäftigung nachzugehen. Schätzungen zufolge ist rund 1 % der Weltbevölkerung von Autismus betroffen.

Quelle: https://news.sap.com/2013/05/sap-to-work-with-specialisterne-to-employ-people-with-autism (abgerufen am 22.06.2023)

Diversität ist aus drei Gründen eine besondere Herausforderung an die Integration neuer Beschäftigter. Zum ersten stellt sich die Frage, ob bei all dieser Unterschiedlichkeit für alle neuen Organisationsmitglieder die gleichen Maßnahmen angemessen und wirksam sind. Zum zweiten stellt sich die Frage, ob bestimmte Gruppen von Personen überhaupt oder nur mit unverhältnismäßigem Aufwand integrierbar sind. (In der Vergangenheit wurde etwa behauptet, ein bestimmter Prozentsatz jedes Jahrgangs sei prinzipiell nicht ausbildungsfähig.) Zum dritten schließlich stellt die Diversität per se eine Herausforderung für Kooperation dar, die wiederum das Herzstück jeder Organisation ist. Die psychologische Forschung der letzten Jahre hat gezeigt, dass Diversität vor allem dann eine Herausforderung ist, wenn sie zu „faultlines" führt, zu besonders deutlich sichtbaren Trennungen (Verwerfungen) und Subgruppen in der Belegschaft (Wegge & Schmidt, 2015). Wenn beispielsweise die älteren Teammitglieder in einer Arbeitsgruppe alle eine helle Hautfarbe haben, die jüngeren hingegen eine dunkle Hautfarbe, dann ist eine Grenzziehung besonders naheliegend. Diese „faultlines" dürften zwar Zusammengehörigkeitsgefühl und Leistungsfähigkeit des Teams beeinträchtigen, unklar ist aber, wie groß solche Effekte in der Praxis sind. Zudem zeigt sich, dass es auslösende, aber auch hemmende Faktoren gibt, die so stark sein können, dass diese negativen Effekte von Diversität keineswegs auftreten müssen (Homan &

van Knippenberg, 2015). Dies lässt für die Zukunft die Frage aufkommen, ob Diversitätstrainings für alle Beschäftigten nicht zu einem wichtigen Bestandteil von Integrationsprogrammen werden sollten (Holladay & Quiñones, 2005).

1.2.2 Veränderung von Arbeitsbeziehungen

Arbeitsbeziehungen können vielfältig organisiert sein und dies trifft natürlich auch auf die Formen der Zusammenarbeit zu. Mittlerweile berichtet ein Großteil (über 70 %) der Arbeitnehmerinnen und Arbeitnehmer in Deutschland, in Gruppen zu arbeiten (Wegge, Jungmann, Schmidt & Liebermann, 2011). Zugleich zeigt sich allerdings auch, dass die Bedingungen des erfolgreichen Zusammenarbeitens erschwert sind. Dies lässt sich besser erklären, wenn die sechs zentralen Prozesse in bzw. Herausforderungen an Teams betrachtet werden (siehe Abbildung 2).

Abbildung 2: Zentrale Herausforderungen an Teams (nach Hertel & Hüffmeier, 2019)

In klassischen Arbeitsgruppen ist für die Klärung dieser Prozesse oft ausreichend viel Zeit, es können sich z.B. Kommunikationsnormen entwickeln oder wechselseitige Erwartungen geklärt und damit Konflikte vermieden werden. Verschiedene neuere Entwicklungen erschweren dies aber: Die vielfach kurze Lebensdauer von Arbeitsgruppen und Arbeitsbeziehungen, die zunehmende innerbetriebliche Mobilität (z.B. zwischen Standorten), die Zugehörigkeit zu mehreren Arbeitsgruppen (insbesondere Projektgruppen) sowie die Zunahme interdisziplinärer Zusammenarbeit, die zu einer weiteren Zunahme der bereits erwähnten Diversität in Arbeitsgruppen beiträgt – all dies lässt oft zu wenig zeitlichen Spielraum dafür, dass sich Arbeitsgruppen auf „natürlichem Wege“ entwickeln können. Eine Veranschaulichung findet sich im Bereich des Projektmanagements (siehe Kasten).

Beispiel: Projektmanagement

„Jedes Mal ist es dasselbe“, klagt Herr W., ein angehender Wirtschaftsprüfer, der in einem Projektteam beim Kunden eingesetzt ist. „Kaum hat man sich seine Teammitglieder im Projekt erzogen, schon geht es zum nächsten Projekt. Das fängt damit an, dass ich versuche, beim Abendessen andere Themen als Fußball und Autos einzubringen. Wenn man die Teammitglieder besser kennt, läuft es auch besser beim Kunden, dann weiß man, auf wen man sich verlassen kann. Aber natürlich haben diejenigen, die schon länger dabei sind, ihren Ruf weg, der Eigenbrötler genauso wie der Selbstdarsteller. Manchmal merke ich zu spät, dass die Vorurteile über meine Kolleginnen und Kollegen mir die Zusammenarbeit unnötig schwergemacht haben. Es ist einfacher, in einer festen Arbeitsgruppe anzufangen, da kriegt man ein Plätzchen zugewiesen und man kann sich erst einmal in Ruhe anschauen, wie der Hase läuft, bevor man sich selbst entwickeln kann. Bei uns ist es häufig ein Gerangel und Austesten, denn mit dem Beginn eines Projektes arbeiten Leute zusammen, die vorher vielleicht noch nie zusammengearbeitet haben, aber als Team funktionieren müssen.“ (Persönliche Mitteilung)

Dass Arbeitsgruppen unter anderen Bedingungen als zu früheren Zeiten agieren, ist aus zwei Gründen für die Integration in die Organisation von Bedeutung. Zum einen übernehmen Arbeitsgruppen, die nur temporär existieren und einen weniger verbindlichen Charakter haben, seltener spontan die Einarbeitung von Neulingen, wenn sie keinen formellen Auftrag dazu haben. Früher haben hingegen Arbeitsgruppen in vielen Fällen diese Einarbeitung- oft ohne formellen Auftrag – übernommen. Auf diese informelle Integration durch die und in die Arbeitsgruppe kann man nun aber aufgrund der mannigfaltigen neuen Entwicklungen nicht mehr vertrauen. Zum anderen ist nun auch die beschleunigende Integration in die Arbeitsgruppe selbst eine wichtige Teilaufgabe der Mitarbeiterintegration geworden.

Menschen haben ein Bedürfnis nach Zugehörigkeit (Baumeister & Leary, 1995). Kooperation und Kommunikation sind Grundmerkmale humaner menschlicher Arbeit. Dennoch erschweren Entwicklungen in der Arbeitswelt die Realisierung genau dieser Anforderungen. Ein anderes eindrucksvolles Phänomen sind sogenannte *virtuelle Teams,* in denen mindestens zwei Personen an unterschiedlichen Orten und oft zu unterschiedlichen Zeiten interaktiv an gemeinsamen Zielen arbeiten, wobei Kommunikation und Koordination über elektronische Medien stattfinden (vgl. Hertel, Geister & Konradt, 2005; Boos, Hardwig & Riethmüller, 2017). Wenn sich keine gut koordinierten Kommunikationsregeln entwickeln können und das Wissensmanagement (insbesondere die zweckmäßige Dokumentation von Arbeitsaufgaben, -ergebnissen, -fortschritten oder -werkzeugen) schlecht organisiert ist, können sich rasch Konflikte ergeben oder die Beteiligten Opfer ungezügelter Informationsflut (Soucek & Moser, 2010) werden. Insgesamt haben solche Entwicklungen bereits in einigen Organisationen zur Erkenntnis geführt, dass es spezifischer Maßnahmen der Vorbereitung für Teamarbeit, ob virtuell oder real, bedarf.

Die Zusammenarbeit in virtuellen Teams nimmt aufgrund der zunehmenden Digitalisierung der Arbeitswelt weiter zu und wurde in ihrer Entwicklung durch die Corona-Krise mit mehreren Lockdowns deutlich beschleunigt; so nahm der Anteil der Personen im Homeoffice während der Pandemie erheblich zu. Im Januar 2021 arbeiteten 24 % der Erwerbstätigen ausschließlich oder überwiegend im Homeoffice, verglichen mit lediglich 4 % vor der Corona-Krise (Hans-Böckler-Stiftung, 2022; vgl. auch Zeschke & Zacher, 2022). Die Corona-Krise hat nicht nur die Art und Weise der Zusammenarbeit verändert, sondern schuf auch neue Herausforderungen für das Onboarding. So traten während der Pandemie manche Beschäftigte ihre neuen Stellen an, ohne jemals vor Ort in der Organisation gewesen zu sein oder ihre Führungskräfte und den Kollegenkreis persönlich kennengelernt zu haben. Scott, Dieguez, Deepak, Gu und Wildman (2022) formulierten hierzu drei Aspekte, auf die man sich beim Onboarding während zukünftiger Pandemien oder Krisen konzentrieren soll: Strukturen schaffen, Menschen verbinden und fortgesetzte Anpassung des Onboarding-Programms.

1.2.3 Zuverlässigkeit und Flexibilität von Organisationen

Zwei Trends in der Entstehung übergreifender Anforderungen an Organisationen scheinen uns bemerkenswert, die widersprüchlich zu sein scheinen: Hohe Zuverlässigkeit und extreme Flexibilität. Zum einen nimmt die Zahl an Organisationen zu, die angesichts großer technologischer Risiken ein hohes Maß an Zuverlässigkeit und Sicherheit garantieren müssen. Als besonders eindrückliche Beispiele können Chemieanlagen oder Kernkraftwerke genannt werden. Weick und Sutcliffe (2010) bezeichnen solche Organisationen als „High Reliability Organizations“, „die ständig unter äußerst schwierigen Bedingungen arbeiten und bei denen trotzdem weit weniger Unfälle und Störungen auftreten, als statistisch zu erwarten wäre“ (S. 2). Diese Organisationen müssen fehlerfrei agieren, weil ansonsten weitreichende Katastrophen kaum vermeidbar wären (siehe Kasten).

Beispiel: Der Betrieb eines Flugzeugträgers

„Stellen Sie sich vor, es ist ein hektischer Tag, und Sie denken sich den Flughafen von San Francisco auf eine einzige kurze Landebahn, eine Rampe und ein Gate zusammengeschrumpft. Die Flugzeuge starten und landen gleichzeitig, in der Hälfte der sonst üblichen Zeitabstände, die Landebahn schwankt hin und her, und jeder, der morgens startet, muss am selben Tag zurückkehren. Sorgen Sie dafür, dass alle Gerätschaften dicht an dicht stehen und leicht zu Bruch gehen können. Dann stellen Sie das Radar ab, um nicht entdeckt zu werden, unterwerfen den Funkverkehr strengen Kontrollen, betanken die Flugzeuge bei laufendem Motor, setzen ein feindliches Flugzeug an den Himmel und lassen ein paar echte Bomben und Raketen durch die Gegend schwirren. Zu guter Letzt benetzen Sie das Ganze noch mit einer Mischung aus Öl und Meerwasser und bemannen es mit einem Haufen Zwanzigjähriger, von denen die Hälfte noch nie ein Flugzeug aus der Nähe gesehen hat. Oh, und bevor ich's vergesse: Es wäre auch ganz schön, wenn niemand dabei zu Schaden kommt." (Weick & Sutcliffe, 2010, S. 26)

Bei genauerer Betrachtung erleben diese Organisationen ein Wechselspiel von Stabilität und Flexibilität. Auf der einen Seite steht eine hohe Zuverlässigkeit und Stabilität im Vordergrund, was sich z. B. in umfassenden Übungen und technischen Sicherheitsunterweisungen der Beschäftigten widerspiegelt. Allerdings können nicht alle möglichen Störfälle antizipiert und Maßnahmen im Voraus geplant werden; allzu starre Pläne würden eine Reaktion auf unerwartete Störfälle sogar erschweren. Somit ist auf der anderen Seite Flexibilität notwendig, die letztlich das Überleben der Organisation in Krisenzeiten sicherstellt. Diese Balance von Stabilität und Flexibilität gelingt insbesondere solchen Organisationen, die eine hohe organisationale Resilienz aufweisen.

Organisationale Resilienz beschreibt die Fähigkeit einer Organisation, ihre Handlungsfähigkeit angesichts einer Krise aufrecht zu erhalten (Lee, Vargo & Seville, 2013) und sich kontinuierlich an die Anforderungen des Organisationsumfelds anzupassen (Sutcliffe & Vogus, 2003).

Resiliente Organisationen zeichnen sich insbesondere dadurch aus, dass sie gefährdende Veränderungen außerhalb und innerhalb der Organisation rechtzeitig erkennen und ihre Ressourcen flexibel zur Bewältigung dieser Krise einsetzen können (Soucek, Ziegler, Schlett & Pauls, 2016). Dieser besondere Umgang mit Störungen und Fehlern ist ein Merkmal hoch zuverlässiger Organisationen („High Reliability Organizations"). Nach Weick und Sutcliffe (2010) gelingt dies durch die Ausrichtung des organisationalen Handelns an fünf Prinzipien:

1. *Konzentration auf Fehler:* Die Konzentration auf Fehler erlaubt die frühzeitige Erkennung von Störungen und Abweichungen. Dies beinhaltet eine offene Fehlerkultur, in der Fehler angesprochen und nicht verschwiegen werden.
2. *Abneigung gegen Vereinfachungen:* Die Komplexität und Unbeständigkeit des organisationalen Handlungsfelds sollte nicht durch Vereinfachungen in der umfassenden Wahrnehmung eingeschränkt werden.

3. *Sensibilität für betriebliche Abläufe:* Es besteht ein umfassendes Bild der betrieblichen Abläufe, in welches die Bedingungen und Konsequenzen der eigenen Handlungen eingeordnet werden können.
4. *Streben nach Flexibilität bzw. Resilienz:* Sobald ein Fehler erkannt wurde, sollte ein schneller und situationsadäquater Umgang mit der Störung erfolgen.
5. *Respekt vor fachlichem Wissen und Können (Expertise):* Die Entscheidungen sollten im Falle einer Störung durch jene Personen erfolgen, die über das notwendige Wissen und Können verfügen.

Hoch zuverlässige Organisationen sind kontinuierlich der Gefahr ausgesetzt, zu „erstarren", sie müssen Flexibilität integrieren, obwohl diese fast wesensfremd zu sein scheint, da zuverlässige Organisationen extrem vorhersagbar und damit überaus intensiv regelgeleitet funktionieren. Während also Flexibilität eine unentbehrliche Ergänzung zur Sicherstellung von hoher Zuverlässigkeit darstellt, steht sie für viele andere Organisationen im Mittelpunkt und kann als übergreifende Anforderung verstanden werden, wenn die Organisation in einem komplexen und dynamischen Umfeld operiert.

Stromversorger sollen beispielsweise verlässlich die Grundversorgung von privaten Haushalten und Organisationen sicherstellen. Ein „Blackout" kann katastrophale Konsequenzen haben, wenn z. B. die Stromversorgung von ganzen Stadtteilen zusammenbricht. Zur Sicherstellung eines Versorgungsniveaus, aber auch um die Wirtschaftlichkeit zu garantieren, kaufen Stromversorger aber auch flexibel Strom auf internationalen Märkten, und wenn die Einkäufer aufgrund einer Grippeepidemie erkranken, wird Flexibilität von anderen Beschäftigten erwartet, also auszuhelfen, Überstunden zu machen etc. Die Zuverlässigkeit dieses Versorgers ist eine Bedingung dafür, dass andere Organisationen extrem flexibel sein können, beispielsweise Veranstalter von Musikveranstaltungen, die durch eine ungewöhnlich hohe Publikumsnachfrage überrascht werden, oder Industrieunternehmen, die kurzfristige Nachfrageschwankungen durch Zusatzschichten bewältigen müssen. Die von ihnen zu bewältigenden oder zu verhindernden „Erschütterungen" sind zwar schwächer als bei hoch zuverlässigen Organisationen, dafür treten sie aber häufiger auf. Zugleich müssen aber bei genauerer Betrachtung auch die letztgenannten ihre Zuverlässigkeit beweisen, Liefertreue oder hohe Produktqualität gewähren. Dies legt die Schlussfolgerung nahe, dass organisationale Resilienz ein sehr grundsätzliches Merkmal erfolgreicher Organisationen ist.

Was bedeuten all diese Überlegungen zur organisationalen Resilienz für die Integration neuen Personals? Betont man die Zuverlässigkeit, dann werden die fachliche und soziale Integration so zu erfolgen haben, dass die Stabilität der Organisation garantiert wird, es werden Regeln und Werte vermittelt. Die Neulinge sollten Einblick in und Verständnis für die Strukturen und Prozesse der Organisation erhalten, beispielsweise mit Einarbeitungs- und Schulungsprogrammen (vgl. Abschnitt 4.5). Die Vermittlung von Strukturen und Prozessen ist wichtig, denn sie müssen den üblichen Geschäftsablauf kennen, um Krisen als solche erkennen und darauf reagieren zu können. Wenn beispielsweise eine Materiallieferung für die laufende Produktion ausfällt, entscheidet die Kenntnis über den aktuellen Lagerbestand, ob ein Problem vorliegt und weitere Maßnahmen in die Wege geleitet werden müssen. Die Vermittlung von Regeln und Prozessen darf aber nicht die Flexibilität beeinträchtigen, was insbesondere den Bestand der Organisation während Krisen gefährden würde. Die Integration der Beschäftigten sollte sich nicht nur auf das Ausfüllen von Formularen, Unterweisungen und Belehrungen (hinsichtlich Regeln zu Datenschutz, Compliance etc.) beschränken, sondern auch die grundlegenden Werte der Organisation vermitteln, wie z. B. die Prinzipien hoch zuverlässiger Organisationen (s. o.), die eine hohe organisationale Achtsamkeit sicherstellen und Teil der Organisationskultur sind (Weick & Sutcliffe, 2010). Das Erlernen der Organisationskultur könnte man als das zentrale Ziel der organisationalen Sozialisation verstehen, die Orientierung gibt und hilft Ereignisse richtig zu interpretieren (Moser et al., 2014). Die Angleichung der individuellen und organisationalen Wertvorstellungen ist dabei nicht nur eine Frage des Lernens, sondern auch der Passung von Individuum und Organisation.

1.2.4 Zunahme von flexiblen Beschäftigungsformen

Organisationen sind komplexe sozio-technische Systeme und damit Gebilde, die sich mit der Zeit kontinuierlich verändern. Dies betrifft ihre Produkte, Dienstleistungen, die organisationalen Prozesse und Strukturen, die verwendeten Arbeitsmittel, aber auch die Zusammensetzung des Personals. Beschäftigte verlassen die Organisation, neue Personen werden Teil der Organisation und wieder andere arbeiten nur temporär als Externe in der Organisation mit (z. B. Freiberufliche, Zeitarbeitnehmer). Auch wenn lebenslange Karrieren, die sich in einem einzigen Unternehmen abspielen, nicht ganz ausgestorben zu sein scheinen, so werden Karriereverläufe mit Arbeitgeberwechseln doch mehr und mehr üblich (Ashford, George & Blatt, 2007). Dieser Trend führt dazu, dass Organisationen häufiger die Aufgabe haben, neue Beschäftigte zu integrieren.

Organisationen streben jedoch auch von sich aus nach einer Flexibilisierung ihres Personals (Kalleberg, Reynolds & Marsden, 2003). Flexibilisierungsstrategien zielen dabei einerseits auf die Erhöhung der funktionalen und andererseits auf die Erreichung numerischer Flexibilität ab (siehe Abbildung 3). Die *funktionale Flexibilisierung* des Personals umfasst in erster Linie Maßnahmen, die den flexiblen Einsatz von internem Personal ermöglichen. Dies wird beispielsweise durch die Stärkung von Kompetenzen (Schulungen), Strategien des Wissensmanagements sowie der Arbeitsorganisation (z. B. „job rotation“) erreicht. Diese Maßnahmen sollen letztendlich eine Anpassung an die Qualitätsansprüche des Marktes ermöglichen. *Numerische Flexibilität* zielt dagegen auf den quantitativen Aspekt des Personalbedarfs ab. Sie kann beispielsweise durch flexible Arbeitszeitsysteme (z. B.

Flexibilisierungsstrategien	
Funktionale Flexibilisierung Maßnahmen, die den **thematisch** flexiblen Einsatz von Personal ermöglichen **Beispiele:** • Stärkung von Kompetenzen • Wissensmanagement • Arbeitsorganisation **Ziel:** Anpassung an die **Qualitätsansprüche** des Marktes	**Numerische Flexibilisierung** Maßnahmen, die den **zeitlich** und am Arbeitskräftebedarf orientierten flexiblen Einsatz von Personal ermöglichen **Beispiele:** • flexible Arbeitszeitsysteme • atypische Beschäftigung, Zeitarbeit **Ziel:** Erfüllung **quantitativer** Aspekte des Personalbedarfs

Abbildung 3: Flexibilisierungsstrategien (in Anlehnung an Kalleberg, Reynolds & Marsden, 2003)

Teilzeitarbeit, Lebensarbeitszeitkonten) oder durch den Rückgriff auf atypisch Beschäftigte (z.B. befristet Beschäftigte, Zeitarbeitnehmer u.a.) erfolgen.

Wenn Organisationen auf atypisch Beschäftigte zurückgreifen, dient dies dazu, die Festlegung der Personaldecke unverbindlicher zu gestalten. Beispielsweise kann der Personalbedarf je nach Auftragslage angepasst werden, indem die Anzahl externer Beschäftigter, wie Zeitarbeitnehmer oder freier Mitarbeiter, erhöht oder verringert wird. Atypische Beschäftigungsformen haben in den letzten Jahrzehnten zugenommen (Connelly & Gallagher, 2004). Atypische Beschäftigung stellt hierbei einen Sammelbegriff für Beschäftigungsformen dar, die auf ganz unterschiedliche Weise von der Normalbeschäftigung, worunter eine unbefristete Vollzeitbeschäftigung bei einem einzigen Arbeitgeber zu verstehen ist, abweichen können. Die Heterogenität des Beschäftigungsstatus der Mitarbeiterinnen und Mitarbeiter nimmt somit vielerorts zu.

Im Zusammenhang mit der Flexibilisierung von Personal hat sich die Unterscheidung von Kern- und Randbelegschaften etabliert (Atkinson, 1984). Hierbei werden die fest angestellten Stammbeschäftigten von den quasi am Rande der Organisation stehenden flexibel Beschäftigten abgegrenzt. Während das Stammpersonal Kernaufgaben übernimmt, werden der Randbelegschaft leicht kontrollierbare, weniger zentrale Aufgaben übertragen. Im Arbeitsalltag finden sich Kern- und Randbeschäftigte allerdings in gemeinsamen Arbeitsgruppen wieder. *Beschäftigungsstatus-gemischte Teams* sind immer häufiger anzutreffen. In der Forschung wird der Beschäftigungsstatus daher auch mehr und mehr als ein wichtiges Merkmal der Wahrnehmung von Diversität betrachtet – neben soziodemografischen Merkmalen wie beispielsweise Alter, Geschlecht und Bildung (George, Chattopadhyay & Zhang, 2012). Der Einsatz von atypisch Beschäftigten muss allerdings wohlüberlegt sein, da auch negative Effekte auf die Einstellungen und die Zufriedenheit der Stammbelegschaft auftreten können (Davis-Blake, Broschak & George, 2003).

Bisher ist noch unklar, welche spezifischen Integrationsmaßnahmen je nach Beschäftigungsstatus notwendig werden. In der Praxis zeigt sich eine deutliche Konzentration auf Integrationsmaßnahmen für Stammbeschäftigte. Angebote für Beschäftigte, die nur temporär in der Organisation sind, gibt es dagegen selten. Eine bemerkenswerte Ausnahme stellt hier das Wissenschaftssystem in Deutschland dar. Obwohl die Beschäftigungsverhältnisse sowohl vor als auch unmittelbar nach der Promotion in den meisten Fällen befristet sind, gibt es z. B. in vielen Universitäten Onboarding-Maßnahmen, wie wir sie in Kapitel 4 vorstellen werden.

Die zunehmende Flexibilisierung des Personals stellt eine neue Herausforderung an die Integrationsbemühungen von Organisationen dar. Personelle Flexibilisierung erfordert auch neue flexible Integrationsangebote, denn die Belegschaft wechselt schneller und die Beschäftigungsformen werden vielfältiger. Integrationsangebote und -maßnahmen richten sich in erster Linie an neue Mitarbeiterinnen und Mitarbeiter, um sie dabei zu unterstützen, erfolgreiche Mitglieder der Organisation zu werden. Flexibles Personal wie etwa Zeitarbeitnehmer oder freie Mitarbeiter sind demgegenüber als Externe selten Zielgruppe von Integrationsangeboten. Arbeitgeber fühlen sich für externe Beschäftigte, die ja nicht bei ihnen angestellt sind, sondern ihre Arbeit als temporäre Dienstleistung erbringen, oft nur wenig verantwortlich. In der Tat sind Zeitarbeitnehmer formal bei einem Personaldienstleister angestellt und werden dem Kundenunternehmen nur temporär überlassen (im Rahmen des sogenannten Arbeitnehmerüberlassungsgesetzes AÜG). Auch freie Mitarbeiterinnen und Mitarbeiter sind Externe, da sie selbständig sind und ihre Beziehung zur Organisation durch Werkverträge geregelt wird, auch wenn sie regelmäßig für diese tätig sind.

Für Zeitarbeitnehmerinnen und Zeitarbeitnehmer ist es ohnehin schon schwieriger, sich in der Organisation zurechtzufinden. Sie sind oft wenig auf die anstehenden Arbeitstätigkeiten vorbereitet. Dies erklärt sich durch eine begrenzte Passung des Qualifikationsprofils mit den Anforderungen der Einsatzstelle. Zwar sind die Kundenunternehmen gesetzlich verpflichtet, Sicherheitsunterweisungen vorzunehmen. Bei diesen obligatorischen und wenig umfangreichen Integrationsmaßnahmen bleibt es jedoch dann in der Regel auch. Darüberhinausgehende Aktivitäten sind eher selten. Den spärlichen Integrationsangeboten steht allerdings häufig ein stark ausgeprägter Integrationswunsch seitens der Zeitarbeitnehmerinnen und Zeitarbeitnehmer gegenüber. Die Mehrheit von ihnen wünscht sich nämlich eine Übernahme durch das Kundenunternehmen (CIETT, 2007). Daher könnte eine wesentliche Integrationsaufgabe des Kundenunternehmens beispielsweise darin bestehen, diesen Übernahmewunsch zu erfragen und die Realisierungsmöglichkeiten zu besprechen. Denn enttäuschte Übernahmewünsche führen auf Dauer zu negativen Effekten auf die Gesundheit (Galais & Moser, 2009).

Sowohl die fachliche als auch die soziale Integration von externen Beschäftigten sind somit selten institutionell geregelt, sondern verlaufen meist ad hoc und ungeplant ab. Man könnte auch von individualisierten Maßnahmen (Feldman &

O'Neill, 2014) sprechen, unmittelbare Führungskräfte und Teammitglieder *können* sich für die externen Beschäftigten verantwortlich fühlen und sich um sie kümmern, aber dies wird nicht selten als Belastung erlebt und teilweise kommen auch Befürchtungen um die Sicherheit des eigenen Arbeitsplatzes hinzu (Kraimer, Wayne, Liden & Sparrowe, 2005). Nicht selten empfinden die Stammbeschäftigten den Umgang ihres Arbeitgebers mit den Zeitarbeitnehmerinnen und Zeitarbeitnehmern als ungerecht, da diese nur für ungewisse Zeit beschäftigt werden und teilweise Lohndifferenzen zu den Stammbeschäftigten bestehen. Hierunter leidet auch die Arbeitszufriedenheit der Stammbeschäftigten, wenn diese mit Zeitarbeitnehmerinnen und Zeitarbeitnehmern im Team zusammenarbeiten (Sende & Vitera, 2013).

Der Integrationserfolg von externen Beschäftigten hängt in hohem Maße von den Führungskräften in der entleihenden Organisation ab. Es hat sich beispielsweise gezeigt, dass ein respektvoller und fairer Umgang seitens der Führungskraft entscheidend für das Commitment der Zeitarbeitnehmerinnen und Zeitarbeitnehmer zum Kundenunternehmen ist und auch zu ihrem Wohlbefinden beiträgt (Galais, Sende & Moser, 2014). Eine gelungene Integration stellt auch eine Voraussetzung dafür dar, dass es nicht zu Ausgrenzungseffekten kommt, die der gesamten Arbeitsgruppe schaden könnten. Allerdings ist die Integration vonseiten der Organisation nicht immer gewünscht und nicht selten werden sichtbare Unterscheidungsmerkmale wie andersfarbige Arbeitskleidung oder Kennzeichnungen von E-Mail-Adressen geschaffen, um den externen Status, beispielsweise von Zeitarbeitnehmern, zu betonen. Es zeigte sich, dass diese Kennzeichnungsmaßnahmen genauso wie bewusste Ausgrenzungen aus sozialen Aktivitäten (z.B. ausbleibende Einladungen zu Betriebsfeiern) mit einem geringeren organisationalen Commitment der Zeitarbeitnehmerinnen und Zeitarbeitnehmer einhergehen (Galais & Sende, 2013).

Je nachdem, wie wichtig die Externen für das Stammpersonal sind und wie abhängig deren Arbeitsergebnisse von den ihren sind, werden sie mehr oder weniger Unterstützung durch die anderen Beschäftigten erfahren. Sende und Galais (2014) fanden in einer Studie mit Unternehmen aus Deutschland, dass diese Zeitarbeit in erster Linie systematisch und regelmäßig einsetzen, um saisonale oder kurzfristige Auftragsspitzen oder krankheitsbedingten Personalausfall zu kompensieren. Selten wird Zeitarbeit auch als Mittel zur Personalauswahl genutzt. Die Rolle eines Zeitarbeitnehmers im Einsatzunternehmen hängt auch stark von dem jeweiligen Einsatzmotiv der Kunden ab. So erhielten Zeitarbeitnehmerinnen und Zeitarbeitnehmer, die ihren Einsatz auf den Wunsch des Kunden, Kosten zu reduzieren, zurückführten, weniger Weiterbildungsangebote als jene, die weniger ökonomische Gründe hinter dem Einsatz vermuteten (Galais, Sende & Moser, 2011).

Die mangelnden Integrationsangebote und die unklare Rolle, die Zeitarbeitnehmer im Kundenunternehmen haben, können dazu führen, dass sie sich als austauschbar und als Beschäftigte „zweiter Klasse" erleben (Koene & van Riemsdijk, 2005) – und auch tatsächlich so behandelt werden (Broschak & Davis-Blake, 2006;

Rogers, 1995). In manchen Organisationen haben sich jedoch auch Routinen im Umgang mit Externen etabliert. Dies zeigt sich beispielsweise, wenn Kundenunternehmen eine systematische Evaluation der eingesetzten Zeitarbeitnehmerinnen und Zeitarbeitnehmer sowie der Zufriedenheit mit den Personaldienstleistern durchführen. Einige Organisationen gehen auch symbiotische Beziehungen zu ihren Personaldienstleistern ein, die sich im Gegenzug auf die Bedürfnisse der Kunden spezialisieren. Der regelmäßige Einsatz von festen Zeitarbeitnehmergruppen ist ein Beispiel hierfür. Diese sind dann sowohl mit den Einsatztätigkeiten als auch den internen Beschäftigten vertraut.

Da der Einsatz von flexiblem Personal in Organisationen zunimmt und die Folgen einer misslungenen Integration negative Folgen für die einzelnen Beschäftigten und die Organisation haben, scheint es an der Zeit, für die verschiedenen Gruppen von Externen spezifische Maßnahmen zu entwickeln und zu institutionalisieren. Hierzu gehören die Klärung der Entwicklungs- und Übernahmemöglichkeiten im Kundenunternehmen ebenso wie die Festlegung und Kommunikation von festen Ansprechpartnern, Weiterbildungsangebote sowie eine ausführliche Dokumentation der geleisteten Tätigkeiten.

1.2.5 Proteische Karriere als Alternative zur Integration in die Organisation?

Bei den bisherigen Überlegungen wurde davon ausgegangen, dass sowohl das Individuum als auch die Organisation prinzipiell Interesse an einer (erfolgreichen) Integration haben. Betrachtet man die aktuellen Entwicklungen auf dem Arbeitsmarkt, die von einer zunehmenden Veränderlichkeit geprägt sind, stellt sich die Frage, inwiefern die längerfristige Integration überhaupt noch relevant ist. Der Blick richtet sich somit weniger auf vorgezeichnete Karrierewege in Organisationen, sondern auf das Individuum, das seinen eigenen Weg geht. In diesem Zusammenhang hat Hall (1976) den Begriff der *proteischen Karriere* geprägt.

> Gemeint ist mit der „Proteischen Karriere“ eine Karriere, die sich nicht mehr durch die Zugehörigkeit zu Organisationen definiert, sondern durch die beruflichen Erfahrungsfelder, die sich eine Person selbstgesteuert nach ihren Interessen und Bedürfnissen zusammenstellt.

Karrieren dieser Art kommen möglicherweise ohne Integrationsangebote aus, die auf eine langfristige Zugehörigkeit zum Unternehmen abzielen. Individuen, die eine proteische Karriere verfolgen, machen ihren Berufserfolg daran fest, inwiefern die Tätigkeit Möglichkeiten zur Selbstverwirklichung bietet, und interessieren sich kaum für die Erwartungen des Arbeitsgebers. Daher wird im proteischen Ansatz davon ausgegangen, dass diese Individuen ihr Herz an ihre Aufgaben und

Projekte hängen, statt Commitment gegenüber einer Organisation zu entwickeln (siehe Kasten).

Proteische Orientierung: Wanderjahre

Ein tradiertes (und reglementiertes) Beispiel für eine proteische Orientierung sind die Wanderjahre. Diese Praxis, im Spätmittelalter noch ein Pflichtprogramm für Gesellen, die Meister werden wollten, ist zum immateriellen UNESCO Kulturerbe avanciert. Die heutigen Wandergesellen entscheiden sich freiwillig für diesen Weg der beruflichen Entwicklung, um neue Arbeitspraktiken und fremde Orte kennenzulernen sowie allerhand Erfahrungen zu sammeln. Typischerweise arbeiten und reisen die Gesellen im Wechsel von vier Monaten und lernen auf diese Weise eine Vielzahl von Betrieben und Ländern kennen. Neugier, Lernorientierung und Gestaltungsfreude stehen hierbei im Vordergrund, wobei eine langfristige Bindung an einen Betrieb die vorgeschriebenen zwei bzw. drei Wanderjahre plus einen Tag lang genauso wenig in Betracht kommt, wie die Rückkehr an den Heimatort während dieser Zeit.

Wenn ein Individuum auf seinem proteischen Karriereweg kein Interesse an einer Bindung zu einer Organisation hat, wäre es von deren Seite somit verlorene Liebesmühe, Integrationsangebote zu machen. Dies heißt aber noch lange nicht, dass sie sich passiv verhalten sollte. Denn die soziale Integration in das Belegschaftsgefüge ist meist eine Voraussetzung für gelungene Arbeitsabläufe und somit für den Erfolg von Projekten. Die zeitlich begrenzte Zugehörigkeit sowie die Fokussierung auf Aufgaben statt auf die Organisation schließen nicht aus, dass Personen, die ein proteisches Karrieremodell leben, durchaus Interesse an der sozialen Integration und am Austausch mit der Arbeitsgruppe haben. Allerdings sind sie weniger daran interessiert, mit der Organisation „auf Linie gebracht zu werden".

Nun muss eine Organisation kaum befürchten, sich überflüssigerweise um einzelne Beschäftigte zu bemühen, die gar nicht an einer Integration interessiert sind. Zum einen kann man davon ausgehen, dass der Anteil derer, die ihre Karriereentscheidungen einzig an den Möglichkeiten zur Selbstverwirklichung ausrichten, eher gering ist, und zum anderen finden sich diese Beschäftigten wohl kaum als Anwärter für eine klassische Arbeitsstelle in einem Unternehmen wieder. Vielmehr ist der Anteil solcher Karrieremodelle unter freien Mitarbeitern, Selbständigen bzw. projektbasierten Tätigkeiten, wie etwa der Unternehmensberatung, größer. Allerdings soll hier nicht vergessen werden, dass die Zunahme von unbeständigen Karrieren sich nicht alleine durch die Motivationslage der Beschäftigten erklären lässt, sondern auch durch Flexibilisierungsmaßnahmen der Unternehmen verursacht wird. Proteische Karrieren entstehen teilweise aus der Not heraus, keine verlässliche Anstellung erhalten zu haben. Statt sich von einem Arbeitgeber abhängig zu machen, setzen die Individuen daher auf Selbstbestimmung und gestalten ihre Karriere nach ihren eigenen Vorstellungen. Fluktuation ist aus einer solchen Haltung heraus daher kaum noch ein Problem, wenn der Wechsel des Beschäftigungsverhältnisses dazu dient, mehr über sich, andere Organisationen oder (neue) Aufgaben zu lernen und damit letztlich die eigene Beschäftigungsfähigkeit zu erhalten oder zu verbessern (Direnzo & Greenhaus, 2011).

Ein weiterer Grund für das Desinteresse an einer Integration in eine Organisation kann auch sein, dass Individuen prinzipiell ihren Schwerpunkt im Leben keineswegs in der Arbeitswelt sehen und wenig Bereitschaft und Neigung entwickeln, hieran etwas ändern zu wollen. Man kann dies mit negativen Begriffen wie geringem Arbeitsengagement oder freizeitorientierter Schonhaltung beschreiben, aber auch mit einer gesunden Distanz, die vor Überengagement oder Verausgabung bewahrt und dem Individuum Raum und Zeit für persönliche Interessen lässt. Eine an Eigeninteressen orientierte Haltung von Mitarbeiterinnen und Mitarbeitern kann, wenn sie nicht kontraproduktiv oder berechnend ist, durchaus anregend für das Unternehmen sein beim Versuch, sich um die Beschäftigten zu bemühen (siehe das Beispiel im Kasten).

Beispiel: Raum und Zeit für persönliche Interessen gewähren

Einem leistungsstarken IT-Mitarbeiter, der auf frei gestaltbaren Arbeitszeiten bestand, um Raum für seine sportlichen Aktivtäten zu haben, wurde von der Unternehmensführung der Einbau einer Dusche zugestanden, sodass der Mitarbeiter auch zwischendurch seinem geliebten Fahrradsport nachgehen konnte, um nach einigen schweißtreibenden Runden wieder erfrischt an den Arbeitsplatz zurückkehren zu können.

Die Integration in eine Organisation kann in manchen Fällen auch als Zwang zur Einordnung und Autonomieverlust erlebt werden. Die Angleichung des eigenen Verhaltens und der eigenen Wertvorstellungen an die herrschende Unternehmenskultur kann im Widerspruch zum Bedürfnis nach Eigenständigkeit und Individualität stehen. Individuen können durchaus bereit und motiviert sein, ihre Expertise einzubringen, ohne ständig an das Interesse der Organisation denken zu wollen und zu müssen. Und Organisationen könnten auch darauf reagieren, indem sie dies schlicht respektieren und den Individuen Freiräume lassen, statt sie mit Integrationsangeboten zu bedrängen. Die treffende Metapher mag hier diejenige des „einsamen Wolfes" sein, mit hoher Identifikation mit dem eigenen Beruf und zugleich eher geringer Identifikation mit der Organisation (siehe Kasten).

Identifikation mit dem Beruf als Alternative zur Identifikation mit der Organisation

Nicht nur schillernde Künstlernaturen können eine proteische Karriere verfolgen, auch wenn gerade Künstler den Ideen der Selbstverwirklichung und des „sich immer wieder neu Erfindens" besonders nahestehen. Sicherlich, eine Solistin wird sich nicht an ein Opernhaus binden, sondern nach interessanten Rollen und Entwicklungsmöglichkeiten Ausschau halten, durch die sie weiterkommt und ihr Können zeigen kann. Aber auch klassische Berufe wie etwa die Hebamme oder der Arzt können stark wertorientiert geprägt sein. Der Wunsch, die eigenen Fähigkeiten und Fertigkeiten stetig zu verbessern, steht hier ebenso im Vordergrund wie der Gedanke, dem eigenen Arbeitsethos gerecht zu werden. Dies ist weit wichtiger als sich mit einem Arbeitgeber, beispielsweise mit einem Krankenhaus, zu identifizieren. Die Entscheidung zur Selbständigkeit ist in diesen Berufsfeldern daher nicht selten auch Ausdruck des Wunsches, den eigenen Wertvorstellungen noch besser gerecht werden zu wollen.

Zusammengefasst kann es somit aus Sicht des Individuums drei Gründe geben, nicht wirklich an Integrationsmaßnahmen interessiert zu sein (siehe Abbildung 4):

- Erstens kann es im ureigenen Interesse des Individuums sein, sich nicht zu sehr an eine Organisation oder eine Tätigkeit zu binden, weil z. B. andere Aufgaben in der gegenwärtigen Lebensphase bedeutsamer sind.
- Zweitens können Individuum und Organisation darin übereinkommen, dass eine wirklich professionelle Haltung mit „Sentimentalität" nicht vereinbar ist. Man denke etwa an Profisportler oder Künstler, die oft für eine Saison beschäftigt werden, von denen aber kaum jemand ernsthaft erwartet, dass sie z. B. bei einem besseren Angebot für die nächste Saison bzw. Spielzeit nicht wechseln; und auch von den meisten Wissenschaftlerinnen und Wissenschaftlern in der Forschung würde man erwarten, dass sie primär Kosmopoliten sind und bei einer sich ergebenden alternativen Gelegenheit die Möglichkeit von noch mehr Freiraum oder noch besseren Forschungsmöglichkeiten nutzen werden.

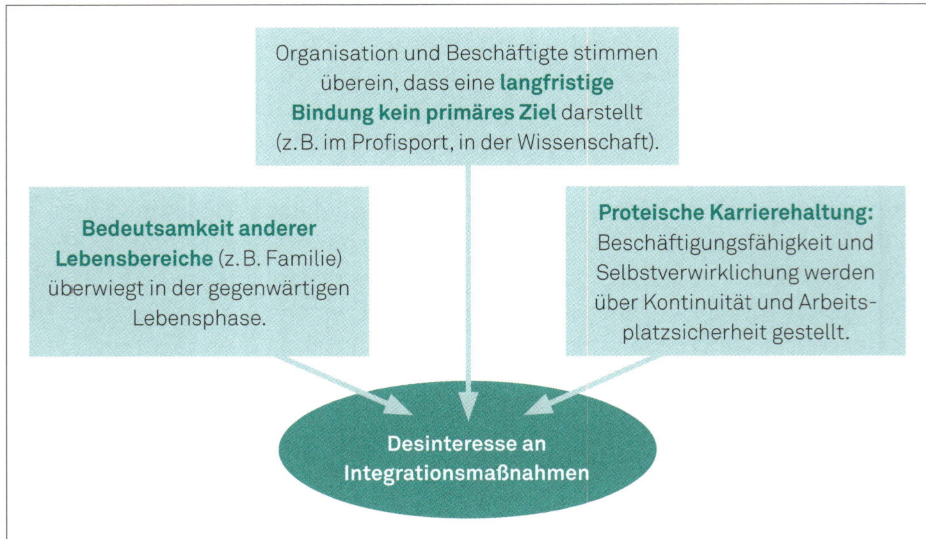

Abbildung 4: Desinteresse an Integrationsmaßnahmen

- Drittens schließlich gibt es Individuen, die eine proteische Karrierehaltung entwickeln und ihre Beschäftigungsfähigkeit und Selbstverwirklichung über Kontinuität und Arbeitsplatzsicherheit stellen. Diese Haltung muss für Organisationen nicht gleich kontraproduktive Effekte haben, gleichwohl ist sie zu bedenken, wenn langfristig angelegte Methoden zur Integration zum Einsatz kommen sollen. Mit Blick auf Personen, die wertorientiert und im Sinne ihrer Selbstverwirklichung Karriere machen, kann der Schwerpunkt nicht nur auf der Vermittlung organisationsspezifischer Normen und Werte liegen, sondern es sollten stattdessen Freiräume und Möglichkeiten zur Selbstentfaltung eröffnet werden. Dies gelingt am besten in einem offenen Austausch, der Gelegenheit bietet, die Bedürfnisse aller Beschäftigten kennenzulernen.

1.2.6 Freigemeinnützige Arbeit

Die meisten Beispiele, die in diesem Text genannt werden, betrachten das Individuum, das in eine Organisation eintritt, um dort einer *Erwerbsarbeit* nachzugehen. Hiervon zu unterscheiden ist die freigemeinnützige Arbeit (englisch „Volunteering“), die in vollständig oder zumindest teilweise freigemeinnützigen Organisationen stattfindet. Diese Unterscheidung verweist darauf, dass es in vielen Fällen z. B. in Organisationen im sozialen Bereich sowohl angestellte und bezahlte als auch ehrenamtlich tätige Personen gibt (z. B. bei der Arbeiterwohlfahrt), in anderen Fällen gibt es praktisch nur ehrenamtlich tätige Personen (z. B. in zahlreichen Sportvereinen). Man kann auch sagen, dass hier Bürgersinn, „Citizenship“ oder bürgerschaftliches Engagement gezeigt wird. Individuen setzen sich oft selbst in Beziehung zu einem größeren Ganzen und handeln entsprechend, wobei dieses Handeln von der Gesellschaft, zumindest aber wichtigen Bezugsgruppen, wertgeschätzt wird (Wehner, Gentile & Güntert, 2015). Freigemeinnützige Tätigkeit ist unbezahlte, organisierte, soziale Arbeit, d. h. sie ist eine persönlich erbrachte, gemeinnützige Tätigkeit, die mit Zeitaufwand verbunden ist und prinzipiell auch von einer anderen Person ausgeführt und potenziell bezahlt werden könnte (Wehner et al., 2015).

Kann die Mitwirkung in einer entsprechenden Organisation überhaupt mit Integrationsproblemen einhergehen? Diese Frage mag auf der Hand liegen, da doch bei einer freiwilligen Mitarbeit Anstrengungsbereitschaft und Identifikation ohnehin hoch sein werden. Wenn man die in Kapitel 2 vorgestellten Paradigmen aber im Detail Revue passieren lässt, dann ergeben sich durchaus Anhaltspunkte dafür, dass auch die größte Begeisterung oft nicht ausreicht. Zum einen kann es um Sicherheitsunterweisung und das Erlernen von Fertigkeiten gehen, wenn man beispielsweise dementen Mitmenschen in ihrem Alltag helfen will und sich deshalb z. B. bei der Caritas oder der Arbeiterwohlfahrt meldet. In manchen Fällen mögen auch Gefahren, Versuchungen oder Belastungen unterschätzt werden, wenn man sich beispielsweise im Rahmen eines örtlichen Vereins um die Betreuung von Menschen kümmert, die selbst nicht mehr geschäftsfähig sind.

Anhand des Beispiels einer Organisation, die sich um auf der Straße lebende Jugendliche kümmert, zeigen Haski-Leventhal und Bargal (2008) verschiedene Herausforderungen an den Prozess der Integration neuer Organisationsmitglieder, beispielsweise ein diffuses Leitbild der Organisation und romantisch-idealisierende Vorstellungen von neuen Freiwilligen. Zugleich berichten sie auch darüber, dass die Neulinge überrascht waren, dass mit ihnen ein Auswahlgespräch geführt wurde und dass sie sich schriftlich verpflichten sollten, mindestens ein Jahr lang mitzuarbeiten. Dies macht letztlich eines deutlich: Auch freiwillig und unentgeltlich aktive Personen *sind* nicht nur Ressourcen, sie *beanspruchen* auch Ressourcen der Organisation. Elementare Einarbeitung, die Koordinierung von Aktivitäten oder die Überprüfung von Arbeitsergebnissen sind nicht umsonst zu haben. Auch wenn es freigemeinnützige Organisationen oft mit „Überzeugungstätern" zu tun haben und eine hohe Anfangsmotivation vorliegt, sind Integrationskonzepte empfehlenswert und eigentlich auch oft nicht verzichtbar, sowohl im Sinne der Organisation, der anderen Organisationsmitglieder und der Klienten als auch im Sinne der Neulinge, deren Enthusiasmus nicht allzu schnell frustriert werden sollte.

Etliche Jahre Erfahrungen mit den Chancen, aber auch den Problemen ehrenamtlichen Engagements haben zu Lernprozessen geführt. Der im Kasten wiedergegebene Auszug einer Checkliste für die Einarbeitung in den Freiwilligendienst wurde von den Paritätischen Freiwilligendiensten Sachsen gGmbH formuliert.

Checkliste für die Einarbeitung in den Freiwilligendienst (Auszug)

Vorstellung der Einrichtung:

- Begrüßung in der Einrichtung, Kennenlernen der*des Anleiter*in
- Rundgang durch die Einrichtung, Zeigen der Räumlichkeiten
- Darstellung der Aufgaben und Angebote der Einrichtung
- Information über Leitlinien und „Philosophie" der Einrichtung anhand des Konzeptes
- Vorstellung der Arbeitsweise und Organisationsstruktur
- Kennenlernen der Leitung und der weisungsbefugten Mitarbeiter*innen
- Kennenlernen der Kolleg*innen und deren Funktionen
- Informationen über Gepflogenheiten und Umgangsformen in der Einrichtung

Quelle: https://www.freiwillig-jetzt.de/fileadmin/user_upload/Downloads-EST/002-Checkliste-Einarbeitung-von-Freiwilligen.pdf (abgerufen am 22.06.2023)

Auch für junge Erwachsene, die ein (zwischen 6 und 18 Monaten dauerndes) freiwilliges soziales Jahr in einer gemeinwohlorientierten Einrichtung, beispielsweise in Seniorenheimen, Kulturzentren oder Museen absolvieren, sind Integrationsmaßnahmen vorgesehen. Sowohl eine fachliche als auch eine sozialpädagogische

Begleitperson sollen den Erfolg der Maßnahmen realisieren helfen, auch wenn hier bedacht werden muss, dass diese Tätigkeiten zudem der Berufsfindung dienen und eine „Brückenfunktion" haben, eine wirklich tiefe Integration also weder aus Sicht des Individuums noch aus Sicht der Organisation angestrebt wird.

2 Modelle und Zielkriterien

Die erfolgreiche Integration in eine Organisation kann an verschiedenen Kriterien gemessen werden. Viele Onboarding-Maßnahmen kann man dann besser einordnen und verstehen, wenn man davon ausgeht, dass ihnen bestimmte Modelle davon zugrunde liegen, wie Individuum und Organisation „funktionieren" und wie sie zueinander finden können. Es sei nochmals daran erinnert, wofür organisationale Sozialisation steht, die eine Art von Oberbegriff darstellt, unter den auch die Integration neuer Mitarbeiterinnen und Mitarbeiter bzw. das Onboarding fällt: Es geht um den Prozess der Vermittlung von Wissen, Fertigkeiten und Kenntnissen, Regeln, Normen, Rollenerwartungen und Werten von Organisationen an Individuen. Dies könnte so verstanden werden, dass es bei der Integration vor allem um die Weitergabe von Informationen geht. Entsprechend könnte man etwa eine Vorstellung dahingehend haben, dass Onboarding vor allem aus Lernprozessen besteht. Eine andere Interpretation könnte sein, dass Organisationen vor allem soziale Gebilde mit Normen, Regeln und einer „Kultur" sind. Aus einer solchen Modellvorstellung heraus würde man fragen, wovon es abhängt, dass es zu einem gelungenen Passungsprozess kommt, dass die Kultur angenommen wird und sich eine „Bindung" entwickelt. Im folgenden Kapitel soll gezeigt werden, dass es insgesamt fünf wichtige Ziele bzw. Zielkriterien des Onboardings gibt (siehe Abbildung 5).

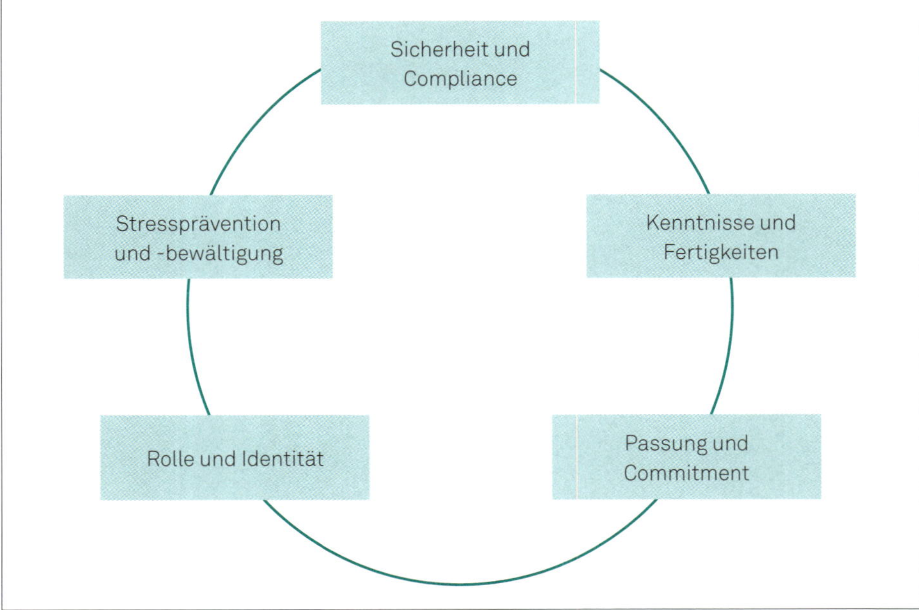

Abbildung 5: Ziele von Onboarding

2.1 Sicherheit und Compliance

Bei der Arbeit sollen weder die Beschäftigten noch der Arbeitgeber Schaden nehmen. Aufseiten der Mitarbeiterinnen und Mitarbeiter ist hier zunächst an deren Gesundheit zu denken, aufseiten der Organisation an die Ressourcen. Das Hantieren mit Chemikalien, Bedienen von Werkzeugen, Warten und Reparieren von Maschinen, Arbeiten in unwirtlicher Umgebung oder das Fahren von Kraftfahrzeugen haben gemeinsam, dass Fehler und Unfälle nicht primär nützliche Quellen für das Lernen darstellen, sondern vor allem Betriebsmittel zerstören, Arbeitsergebnisse beeinträchtigen und die Gesundheit gefährden können. Ein elementares Ziel der Integration neuer Beschäftigter ist es daher, Maßnahmen zu ergreifen, um Fehler und Unfälle zu vermeiden. Dies ist natürlich eine grobe Vereinfachung, denn die Vorstellung, neue Organisationsmitglieder seien dann schon erfolgreich integriert, wenn sie Verbote beachten, ist nicht gerade weitsichtig. Dies lässt sich am Beispiel der Einstellung einer Reinigungsfachkraft veranschaulichen. Zu Beginn der Integration steht eine Einweisung in den sicheren Umgang mit den eingesetzten Geräten und Chemikalien sowie die Erläuterung der Dienstpläne und Aufträge im Vordergrund. Über diese rein funktionale Integration hinaus erfolgt aber auch eine Integration aus sozialer Sicht bis hin zur Vermittlung der Organisationskultur, welche sowohl den Umgang der Beschäftigten untereinander als auch das Auftreten gegenüber Kundinnen und Kunden thematisiert. Die Integration könnte als gelungen angesehen werden, wenn die Werte der Organisation verinnerlicht wurden, und nicht nur ein sparsamer und sorgfältiger Umgang mit den Betriebsmitteln sichergestellt wird.

Was das Thema „Gesundheit“ betrifft, so geht es um mehr als das Vermeiden von Unfällen. Natürlich sollte z.B. ein Fensterputzer sich so auf der Leiter bewegen, dass er nicht herunterfällt. Aber er sollte auch niemand anderen z.B. durch herunterfallende Gegenstände verletzen. Und er sollte auch auf eine angemessene Körperhaltung achten, um nicht – früher oder später – Rückenbeschwerden u.a.m. zu riskieren. Gleichwohl gehört vor allem die Sicherheitsunterweisung bei einfachen wie bei komplexen Tätigkeiten zu den zwingend erforderlichen Maßnahmen der Integration (siehe Kasten).

Unterweisungen nach § 12 Arbeitsschutzgesetz

Die Unterweisung ist in § 12 des Arbeitsschutzgesetzes geregelt. Demnach ist eine Unterweisung bei den folgenden Anlässen bereits vor der Aufnahme der Tätigkeit vorgeschrieben: Einstellung oder Veränderungen im Aufgabenbereich, Einsatz neuer Arbeitsmittel und Technologien. Die Unterweisung muss sich an der Gefährdungsentwicklung orientieren und ggf. regelmäßig wiederholt werden. Die Unterweisung erfolgt während der Arbeitszeit und hat ausreichend und angemessen zu erfolgen. Die Unterweisung unterliegt der Pflicht des Arbeitgebers und kann nicht an Beschäftigte abgetreten werden.

> Nähere Informationen zur Unterweisung finden sich z. B. unter: https://publikationen.dguv.de/regelwerk/dguv-informationen/292/unterweisung-bestandteil-des-betrieblichen-arbeitsschutzes

Selbst umfassende und regelmäßige Unterweisungen können leider nicht alle Unfälle verhindern. Zur Unfallprävention gehört daher auch, Unfallursachen zu identifizieren und dann weitergehende Maßnahmen für die Zukunft abzuleiten. Dabei können personengebundene, organisatorische und technische Unfallursachen unterschieden werden (siehe Abbildung 6).

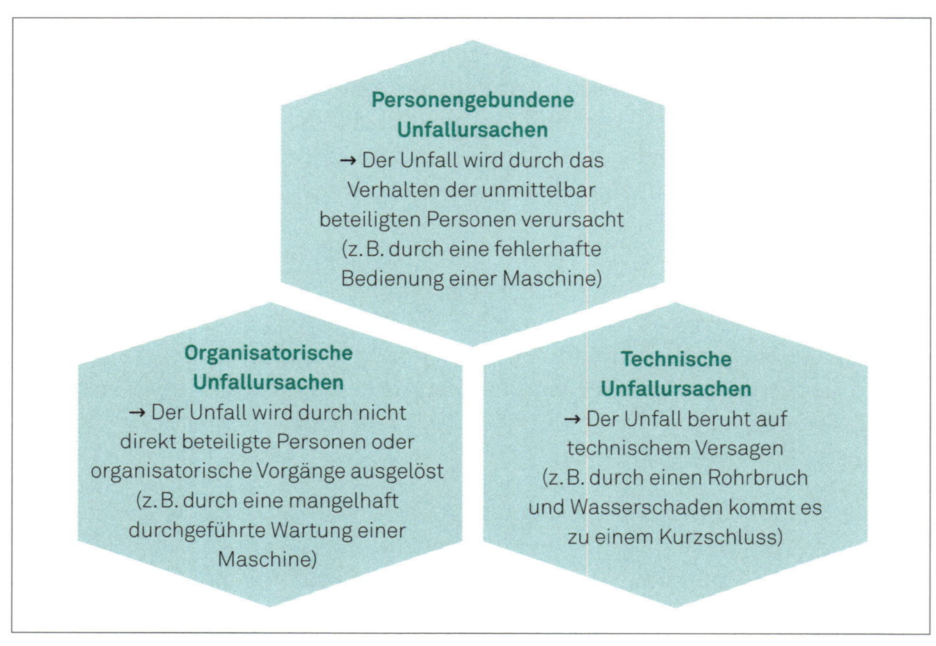

Abbildung 6: Unfallursachen (nach Schaper, 2014)

Auch wenn demografische Merkmale (männliche Jugendliche sind überdurchschnittlich unfallgefährdet) und persönlichkeitsbezogene Faktoren eine Rolle spielen (siehe Kasten): Der größte Anteil von Unfällen resultiert nicht aus Unkenntnis oder gar absichtlichem oder fahrlässigem Fehlverhalten, sondern hat technische oder organisatorische Ursachen, wenn z. B. die maximale Traglast einer Palette nicht ausgewiesen ist und es zu einer Überladung kommt. Insbesondere bei hohem Gefährdungspotenzial organisationaler Bedingungen (z. B. beim Einsatz gefährlicher Chemikalien oder bei havarieanfälligen komplexen Technologien) spielen zudem sog. *Sicherheitsbarrieren* eine wichtige Rolle, welche die Konsequenzen von Fehlern auf mehreren Ebenen unterbinden sollen. In Entsprechung zu den Unfallursachen könnten solche Barrieren technischer Natur sein (z. B. „Totmannschalter“) oder organisatorisch verankert werden (z. B. „Vier-Augen-Prinzip", also eine unabhängige Sicherheitsüberprüfung durch zwei Beschäftigte), betreffen aber auch die personalen Faktoren (z. B. fachliche Qualifikation und Sicherheitsbewusstsein).

Gibt es eine „Unfällerpersönlichkeit"?

Wenn vermeintlich persönlichkeitsbezogene Faktoren mit der Häufigkeit von Fehlhandlungen und Unfällen in Beziehung stehen, dann stellt sich die Frage, was denn die „Pechvögel", die das Unglück anziehen, auszeichnet. Eine Metaanalyse von Clarke und Robertson (2005) konnte nach der zusammenfassenden Sichtung bisheriger Studien zeigen, dass Personen mit geringen Werten in Verträglichkeit und Gewissenhaftigkeit vermehrt in Unfälle involviert sind. Allerdings sind die Effekte nicht besonders stark. Zudem zeigt eine aktuelle Metaanalyse, dass der Einfluss von Persönlichkeitsmerkmalen auf Unfälle durch sicherheitskritisches Verhalten mediiert wird, wie z. B. einen fehlerhaften Einsatz von Schutzausrüstung oder die Abweichung von sicherheitsrelevanten Verfahrensweisen (Beus, Dhanani & McCord, 2015). Deshalb bleiben Bemühungen um sichere Arbeitsmittel, organisatorische Vorkehrungen und angemessene Schulungsmaßnahmen für die Beschäftigten praktisch bedeutsamer als die Berücksichtigung bestimmter Merkmale bei der Personalauswahl.

Neben der Einrichtung von Sicherheitsbarrieren ist vor allem das *sicherheitskritische Verhalten* ein wichtiger Ansatzpunkt zur Vermeidung von Fehlern und Unfällen am Arbeitsplatz. Sicherheitskritisches Verhalten umfasst nach Burke, Sarpy, Tesluk und Smith-Crowe (2002) alle Verhaltensweisen, welche Sicherheit bzw. Gesundheit von Beschäftigten, Kunden, Gesellschaft und der Umwelt fördern. Zum sicherheitskritischen Verhalten gehören

- der Einsatz persönlicher Schutzausrüstung (z. B. Tragen von Schutzkleidung, Einsatz von Gehörschutz in lauten Arbeitsumgebungen),
- die Ausübung risikoreduzierender Arbeitspraktiken (z. B. adäquater Einsatz und Interpretation von Überwachungsinstrumenten in Chemieanlagen, sichere Entsorgung gesundheitsgefährdender Stoffe),
- die Kommunikation sicherheits- und gesundheitsrelevanter Informationen (z. B. Hinweis auf Unfälle und Aufklärung über sicherheitsrelevante Bedingungen),
- dass der Arbeitgeber den Beschäftigten die Ausübung ihrer Rechte gewährt, sie aber auch zur Einhaltung ihrer Pflichten anhält (z. B. Befolgen und ggf. Ergänzung von Sicherheitsrichtlinien).

Die Metaanalyse von Christian, Bradley, Wallace und Burke (2009) zeigt, dass sowohl persönliche als auch situative Faktoren für sicherheitskritisches Verhalten und damit für die Sicherheit am Arbeitsplatz bedeutsam sind. Insbesondere das *Sicherheitsklima* hat maßgeblichen Einfluss auf das sicherheitsrelevante Wissen und die Motivation, sich für sicherheitsrelevante Belange einzusetzen. Dieses Wissen und die Motivation der Beschäftigten tragen schließlich zu tatsächlichem sicherheitskritischem Verhalten bei. Das Sicherheitsklima umfasst die von den Organisationsmitgliedern geteilte Wahrnehmung der sicherheitsrelevanten Richtlinien, Prozeduren und Praktiken einer Organisation (Griffin & Neal, 2000). Obwohl das Sicherheitsklima zumeist als organisationales Merkmal verstanden wird, kann es sich von Arbeitsgruppe zu Arbeitsgruppe unterscheiden, wenn beispielsweise sicherheitskritische Richtlinien durch Arbeitsgruppen und Vorgesetzte unterschiedlich ausgelegt werden (Griffin & Curcuruto, 2016).

Vergleichbar der organisationalen Resilienz (siehe Abschnitt 1.2.3), ist ein gutes Sicherheitsklima als eine organisationale Gestaltungsaufgabe zu verstehen und ein zentrales Kriterium der erfolgreichen Integration neuer Mitarbeiterinnen und Mitarbeiter in Organisationen. Doch wie kann das Sicherheitsklima den (neuen) Beschäftigten vermittelt werden? Ein Ansatz zur Förderung des Sicherheitsklimas wird bei Zohar und Polachek (2014) beschrieben. Die Beschäftigten wurden befragt, in welchem Ausmaß ihre Vorgesetzten in alltäglichen Gesprächen sicherheitskritisches Verhalten thematisieren. Die Vorgesetzten erhielten hierzu ein individualisiertes Feedback. Dem schloss sich eine Intervention an, in der die Vorgesetzten bei der Interpretation des Feedbacks durch geschulte Betreuer unterstützt wurden (z. B. durch Hervorheben von Abweichungen zwischen den Einschätzungen von Beschäftigten und Vorgesetzten). Zudem sollten sie Ziele formulieren, die zur Verbesserung ihres zukünftigen sicherheitsrelevanten Kommunikationsverhaltens beitragen sollten (z. B. aktives Nachfragen, ob die vorhandene Ausrüstung zur sicheren Ausführung der Tätigkeit ausreicht). In der Tat zeigte es sich, dass nach dieser Rückmeldeintervention die sicherheitskritische Kommunikation der Vorgesetzten zunahm, was wiederum sowohl zu einer Verbesserung des Sicherheitsklimas als auch zu mehr Sicherheitsverhalten führte. Insbesondere Gespräche zwischen Vorgesetzten und unterstellten Mitarbeiterinnen und Mitarbeitern über das Thema „Sicherheit“ tragen zu einer gemeinsamen Wahrnehmung des Sicherheitsklimas bei (Griffin & Curcuruto, 2016).

Das Thema „Sicherheit“ hat in der Phase des Onboardings zusätzliche Bedeutungsvarianten. Beschäftigte wurden zwar schon immer dazu angehalten, ihren Pflichten gemäß zu handeln. Dies gewinnt aber umso mehr Bedeutung, je größer der Schaden sein kann, den Einzelne durch Unachtsamkeit, falsches Vertrauen, Übermut oder destruktive Absichten anrichten können. Schon länger bekannt sind die Belehrungen, die im Öffentlichen Dienst vorgenommen werden, was beispielsweise Datenschutz oder die Definition von Vorteilsannahme angeht. Die Aufklärung über Rechte und Gesetze kann für manche Positionen von hoher Bedeutung sein, weil andernfalls erheblicher Schaden droht: Was darf zum Beispiel ein Verkäufer tun, wenn er einen Ladendieb ertappt, wie genau muss ein Bankmitarbeiter Kunden über die Risiken von Produkten aufklären, in welchem Umfang sind Vorgesetzte dafür verantwortlich, dass Fälle von sexueller Belästigung oder Mobbing verhindert oder sanktioniert werden?

In vielen Organisationen sind zudem die Möglichkeiten der Kommunikations- und Informationstechnologien zu einem großen Risikofaktor geworden (siehe das Beispiel im Kasten). In den letzten Jahren häufen sich Betrugsfälle, bei denen Unternehmen durch gefälschte E-Mails mit Zahlungsaufforderungen um Millionenbeträge geprellt werden.

E-Mail-Betrug: Automobilzulieferer LEONI um 40 Millionen geprellt

Bereits Anfang Juli 2016 hatte das Landeskriminalamt Nordrhein-Westfalen bundesweit vor der „Chef-Masche" gewarnt. Die Methode läuft nach folgendem Muster ab: Ein Mitarbeiter in der Buchhaltung erhält eine E-Mail, angeblich von oberster Stelle im Unternehmen, und wird um Hilfe in einer diskreten Angelegenheit gebeten, wie etwa dem Kauf von Firmenteilen. Dafür müsse schnell Geld ins Ausland überwiesen werden. Die Betrüger halten vorbereitete Zahlungsaufträge bereit, welche die jeweils notwendige zweite Unterschrift schon beinhalten. Diese ist jedoch gefälscht.

Laut Pressebericht vom 16.08.2016 erleichterten dennoch Betrüger den weltweit agierenden Automobilzulieferer LEONI um 40 Millionen Euro, die auf Konten im Ausland überwiesen wurden. Die Konzernleitung gab bekannt, „Opfer betrügerischer Handlungen unter Verwendung gefälschter Dokumente und Identitäten sowie Nutzung elektronischer Kommunikationswege" geworden zu sein (Hack, 2016).

Nach Angaben des Unternehmens sei mittlerweile klar, dass das Geld Richtung Asien geflossen sei. Der neue Finanzchef rechne nicht damit, davon etwas wiederzusehen (le Claire, 2016).

Das Thema IT-Sicherheit ist also ebenfalls ein wichtiger Aspekt, der in Onboarding-Programmen Berücksichtigung finden sollte. Darüber hinaus zählen *datenschutzrechtliche Themen* zu wichtigen Inhalten der Einarbeitung. Laut § 5 Bundesdatenschutzgesetz ist es untersagt, unbefugt personenbezogene Daten zu erheben, zu verarbeiten oder zu nutzen. Mitarbeiterinnen und Mitarbeiter müssen also gut darüber aufgeklärt werden, was personenbezogene Daten eigentlich sind und was es mit dem Begriff der „Verarbeitung" solcher Daten auf sich hat: Darf etwa ein HR-Mitarbeiter, der in einer IT-Lösung Zugriff auf die im Rahmen von Mitarbeiterbeurteilungen gesammelten, personenbezogenen Daten (z.B. Beurteilungen zu einer bestimmten Kompetenz) hat, einer Führungskraft hierzu eine Excel-Tabelle zusammenstellen? Dürfen Daten aus einem Newsletter-Programm, welches Informationen darüber aufzeichnet, welcher Empfänger wann welche Informationen angeklickt hat, mit dem CRM-System synchronisiert werden? Die Fragestellungen sind vielfältig und von Fall zu Fall unterschiedlich. Die Aufklärung zu diesen Themen und die organisationsspezifischen Regelungen (etwa auch in Betriebsvereinbarungen) sollten auf jeden Fall Thema während des Onboardings sein.

Aber auch anderes Fehlverhalten kann nicht nur das Eigentum der Organisation gefährden, sondern auch zu Konflikten mit dem Gesetz führen. Hieraus hat sich ein intensives Interesse an Fragen der „Compliance“ entwickelt. Compliance bedeutet die Einhaltung sämtlicher für die jeweilige Organisation relevanten gesetzlichen Vorschriften und Richtlinien. Steßl (2012) untersuchte in einer Studie mit 375 Personen aus nationalen und internationalen Unternehmen positive und negative Einflussfaktoren auf illegales Handeln von Beschäftigten. Auf institutioneller Ebene verringert bereits das Vorliegen einer Compliance-Norm illegales Handeln deutlich. Demgegenüber hat die partikularistische Norm, auch bei potenziell illegalen Aktivitäten im Sinne des Unternehmens zu handeln, einen förderlichen Effekt auf die Initiierung illegaler Handlungsweisen. Die Aufklärung darüber, was gemäß gesetzlichen Vorschriften (und damit auch im Sinne des Unternehmens) richtig oder falsch bedeutet, stellt also einen wichtigen Baustein zur effektiven Umsetzung von Compliance in der Organisation dar. Schneider und Becker (2015) beschäftigen sich mit Strategien der Einbindung von Compliance und sehen gerade bei neuen Mitarbeiterinnen und Mitarbeitern eine große Chance: „Wenn auch kein Mitarbeiter als ‚unbeschriebenes‘ Blatt in ein Unternehmen eintritt, ist doch zu Beginn seiner Tätigkeit sicherlich die Chance am größten, diesen mit dem Thema Compliance zu erreichen“ (S. 136). Folgende Aspekte sollten in Compliance-Schulungen im Rahmen des Onboardings berücksichtigt werden:

Compliance-Schulungen

1. Terminierung der Compliance-Schulung für die ersten Wochen
2. Zeitliche Begrenzung auf drei Stunden
3. Berücksichtigung *aller* neuen Beschäftigten (Auszubildende, Berufseinsteiger, Führungskräfte etc.)
4. Vorstellung von Ansprechpartnern zum Thema Compliance

(nach Schneider & Becker, 2015)

Im Rahmen von Compliance-Schulungen ist es empfehlenswert, weniger auf konkrete Gesetzestexte einzugehen, als mit den Teilnehmern allgemeine Fälle (z. B. Korruptionsfälle) zu diskutieren. Solche Diskussionen zur Compliance können zu einer weiteren Verstärkung von Compliance-Normen beitragen, und sie führen zur Sensibilisierung der Beschäftigten. Zudem können konkrete Handlungsstrategien im Umgang mit kritischen Situationen vermittelt werden.

Auch die Überwachung und Kontrolle von Beschäftigten kann Teil der Überprüfung von Compliance-Regeln sein. Allgemeiner formuliert können solche Maßnahmen als Bestandteil des Risikomanagements einer Organisation angesehen werden, die vor Diffamierungen, Sabotage, Datendiebstahl oder Hackerangriffen schützen sollen (Ball, 2010). Die Möglichkeiten der Überwachung von Mitarbeiterinnen und Mitarbeitern haben im Zuge der rasanten Entwicklung der digitalen

Techniken stark zugenommen. Während die Kontrollmöglichkeiten im Rahmen der Arbeitszeiterfassung und der Evaluation der Leistung den Organisationsmitgliedern meist bewusst sind, gilt dies seltener für die Überprüfung von E-Mails oder des Surfverhaltens. Noch weniger rechnen Beschäftigte wahrscheinlich mit der Überprüfung ihrer Internetaktivitäten in der Freizeit, beispielsweise die Durchsicht privater Blogs auf organisationsrelevante Informationen hin. Doch all dies sind Kontrollmaßnahmen, die durchaus von manchen Organisationen ergriffen werden (Ball, 2010). Sofern ihr etwa ein Imageschaden durch solche Aktivitäten im Internet droht, kann dies sogar zur Kündigung führen, die auch gerichtlich Bestand hätte.

In Deutschland wird schon lange über die Einführung eines Arbeitnehmerdatenschutzgesetzes diskutiert, bisher wurde dieses jedoch noch nicht realisiert. Daher wird auch im Arbeitskontext auf das Bundesdatenschutzgesetz zurückgegriffen, wenn es um Fragen der Wahrung der Persönlichkeitsrechte geht. Grundsätzlich dürfen Überwachungs- und Kontrollaktivitäten niemals die Persönlichkeitsrechte der Mitarbeiterinnen und Mitarbeiter verletzen. Die Einführung solcher Maßnahmen ist zudem mitbestimmungspflichtig und muss vom Betriebs- bzw. Personalrat befürwortet werden. Die Überwachung ist zulässig, solange sich diese Maßnahmen auf das Arbeitsverhalten beziehen, da dessen Überprüfung im berechtigten Interesse des Arbeitgebers liegt. Hieraus folgt, dass Organisationen private E-Mails oder Telefonate von Beschäftigten nicht kontrollieren dürfen. Bei rein dienstlichen E-Mails (diese müssen aber eindeutig von privaten unterscheidbar sein) ist eine Kontrolle ungefragt möglich, bei der Aufzeichnung von Telefonaten ist allerdings die Einwilligung der Beschäftigten notwendig. Bei dem konkreten Verdacht, dass ein Mitarbeiter sich schwerer Verfehlungen schuldig gemacht haben könnte (z. B. Diebstahl), können auch drastische Methoden der Überwachung gewählt werden. Unter Wahrung der Verhältnismäßigkeit kann beispielsweise eine Videoüberwachung erfolgen, die vor Gericht verwertet werden kann, sofern es keine andere Möglichkeit der Klärung des Verdachts gab.

Generell kann sich die Überwachung auf die Leistung, das Verhalten oder die Person (z. B. Gesundheit) der Beschäftigten beziehen, wobei eine Vielzahl von Indikatoren quasi in Echtzeit erfasst werden können. Digital lassen sich beispielsweise Produktionsergebnisse, Tastaturanschläge, Telefongespräche, E-Mails oder Login Files ebenso wie die Fortbewegung der Beschäftigten erfassen und archivieren. So behalten es sich manche Organisationen vor, deren dienstliche E-Mails zu lesen oder ihre Internetaktivitäten stichprobenartig zu kontrollieren. GPS-Nachverfolgungen sind etwa im Logistikbereich Gang und Gäbe und dienen neben der Überprüfung der Arbeitstätigkeit der Beschäftigten auch zu deren Sicherheit. Für Geldtransportfahrer, Streifenpolizisten oder Taxifahrer mag dies daher auch vonseiten der einzelnen Personen begrüßt werden. Bei anderen Berufsgruppen, wie etwa Außendienstmitarbeitern, Paketzustellern oder Essenslieferanten, die alle per GPS „getrackt“ werden können, mag dies auf weniger Gegenliebe stoßen. Problematisch ist es zudem, wenn den Mitarbeitern gar nicht klar ist, welche Daten und in welchem Umfang diese über sie gesammelt und möglicherweise ausgewertet werden. Insgesamt sind die Kontrollpraktiken von Organisationen nicht immer transparent.

Welche Rolle spielen solche Überwachungsmaßnahmen nun für die Integration? Wenn spezifische Kontrollmechanismen transparent gemacht werden, bedeutet dies gleichzeitig die Kommunikation von Standards und Erwartungen. Dies kann bewirken, dass den Neulingen deutlich wird, worauf es in der Organisation ankommt – und auf diese Weise zu ihrer Integration beitragen. Zugleich ist viel Fingerspitzengefühl notwendig bei der Entscheidung für oder gegen bestimmte Überwachungsmaßnahmen, der Wahl der Mittel, der Intensität der Anwendung sowie der Transparenz. In der Gestaltung solcher Kontrollmaßnahmen spiegelt sich die Organisationskultur wider, und es wird deutlich, welches Bild eine Organisation von den Beschäftigten hat. Diese können sehr empfindlich reagieren, wenn sie das Gefühl haben, dass ihnen misstraut wird. Überwachungs- und Kontrollsysteme stellen zumindest implizit die Integrität oder sogar die grundsätzliche Qualität des Arbeitsverhaltens der Beschäftigten infrage. Dies kann kränkend für sie sein und unerwünschte Gegenreaktionen auslösen. Eventuell provozieren die Überwachungsmechanismen erst das kontraproduktive Verhalten, das sie eigentlich verhindern sollten (vgl. auch Nerdinger, 2008). Grundsätzlich sollte ein Arbeitgeber sich nicht daran orientieren, was beispielsweise in punkto Kontrolle digital machbar ist, sondern er sollte sehr vorsichtig abwägen, welche Maßnahmen wirklich notwendig sind. Diese Entscheidung sollte im Diskurs mit den Mitarbeitern ausgehandelt werden, da Organisationen ansonsten riskieren, dass die Kontrollsysteme ausgetrickst oder sabotiert werden. Außerdem leidet die Identifikation von jenen Mitarbeiterinnen und Mitarbeitern, die sich besonders stark mit der Organisation identifizieren und diese Kontrollmechanismen als ungerechtfertigt ansehen (Spitzmüller & Stanton, 2006). Grundsätzlich gilt, dass die Einführung und die Anwendung solcher Systeme prozedural gerecht ablaufen müssen, d.h., dass die Verfahren und Indikatoren für die Beschäftigten nachvollziehbar und akzeptabel sein sollten. Ansonsten riskiert die Organisation, dass sie versteckten oder sogar offenen Widerstand leisten.

2.2 Kenntnisse und Fertigkeiten

Unter *Lernen* wird allgemein verstanden, dass eine relativ überdauernde Änderung der Verhaltensmöglichkeiten eines Individuums aufgrund von Informationen stattfindet. Damit kann das Lernen von Reifungsprozessen abgegrenzt werden („aufgrund von *Informationen*") und zudem deutlich werden, dass man Lernen nicht unbedingt an Verhaltensänderungen oder Ergebnissen erkennen kann („Änderung der Verhaltens*möglichkeiten*").

Bei der Beobachtung und Begleitung der Integration von Jugendlichen in die Arbeitswelt sind beide Feststellungen von erheblicher Bedeutung. So manche Verhaltensauffälligkeiten sind nämlich nicht auf fehlende Lernprozesse oder gar mangelnde Lernbereitschaft zurückzuführen, sondern auf noch nicht abgeschlossene Reifungsprozesse bzw. körperliche Veränderungen. Beispielsweise verschieben sich die Einschlafzeiten bei Jugendlichen, was frühes Aufstehen am Morgen schwieriger macht und insbesondere zu Beginn der beruflichen Ausbildung zu vermeintlichen Disziplinproblemen führt. Und so manches Lernergebnis ist nicht am Verhalten erkennbar, weil z.B. betriebliche Regeln es gar nicht möglich machen, das Gelernte offen zu zeigen. Beispielsweise wird Auszubildenden oft erst nach geraumer Zeit (wenn überhaupt) zugestanden, komplexere Werkstücke zu bearbeiten oder anspruchsvolle Kunden zu beraten. Dies ist nicht nur deshalb zu beachten, weil ansonsten keine angemessene Einschätzung der tatsächlichen Lernergebnisse möglich ist, sondern es stellt auch ein Integrationshemmnis dar. Wenn Leistung der Beitrag zum Erfolg der Organisation ist und Neulinge zunächst einmal nicht diese Leistung erbringen, also ihren Beitrag leisten, weil sie das entsprechende Verhalten gar nicht zeigen *dürfen*, dann bestimmt sich die erlebte Wertigkeit des Verhaltens und Wertschätzung der Person aus der Chance, eben dieses Defizit möglichst schnell reduzieren zu dürfen. Daher sind simulationsartige Ausbildungskomponenten dann für die Integration neuer Mitarbeiterinnen und Mitarbeiter besonders wichtig, wenn diese in Wertschätzungsprozesse durch Teammitglieder, Führungskräfte oder sogar Kunden einfließen (siehe das Beispiel „Projektarbeit" im Kasten). Ähnlich kann auch angenommen werden, dass Praktika als Bestandteile von außerbetrieblichen Ausbildungsmaßnahmen (z.B. von Weiterbildungsstudiengängen oder Umschulungen) nicht nur dem Festigen und Transfer des erworbenen Wissens dienen, sondern den Betreffenden auch das Gefühl vermitteln, etwas Bedeutendes und Wertvolles zu tun.

Projektarbeit

Projektarbeit als Ausbildungsmaßnahme zielt darauf ab, dass konkrete und im Idealfall verwertbare „Produkte" erstellt werden. Projektarbeit setzt auf entdeckendes Lernen und auf Selbstorganisation der Beteiligten. Wenn Kunden, Klienten oder das Top-Management für die Produkte Interesse zeigen, dann sind diese – und damit auch der Lern- bzw. Ausbildungsprozess – *bedeutsam*.

Was genau lernen die neu zu integrierenden Mitarbeiterinnen und Mitarbeiter? Wer in einem bestimmten Unternehmen arbeiten will, muss natürlich erstens die Waren, Dienstleistungen und ggfs. Nutzungsrechte dieses Unternehmens kennen, die verkauft, vermietet oder betreut (z.B. gewartet) werden. Dies betrifft nicht nur deren Namen und Varianten, sondern auch (und damit zweitens) deren Eigenschaften. Eine angehende Bäckereifachverkäuferin muss also nicht nur die diversen Brot- und Brötchensorten kennen, sondern auch deren Eigenschaften

(Besteht das Brot aus Weizenmehl, sind da Nüsse enthalten, kann man das essen, wenn man eine Glutenallergie hat?). Drittens sind auch Beurteilungskriterien und Standards zu lernen: Wie aufgeräumt muss der eigene Arbeitsplatz sein, wieviel Aufmerksamkeit muss der Kundschaft, die ein Ladengeschäft betritt, entgegengebracht werden, was ist gute Forschung usw. So wird etwa im Studium vermittelt, dass Messungen „valide“ oder Befragungen „repräsentativ“ sein müssen. Viertens geht es schließlich um konkrete Verhaltensweisen und Fertigkeiten: Wie filetiert man ein Stück Fleisch, bucht für eine Kundin eine Pauschalreise, verwendet man während der Arbeit mit einem Presslufthammer sachgerecht den Hörschutz oder zitiert man eine wissenschaftliche Quelle?

Die Vermittlung von Wissen, Fertigkeiten und Standards ist Gegenstand von Ausbildungs-, Trainings- und Weiterbildungsmaßnahmen. Wie Bauer, Bodner, Erdogan, Truxillo und Tucker (2007) bemerken, gibt es nur wenige Studien zur organisationalen Sozialisation, die Lernprozesse fokussieren. Diese Aussage überrascht in Anbetracht der eingangs vorgestellten Definition von organisationaler Sozialisation. Tatsächlich aber liegt dies daran, dass Lernprozesse in den Gebieten „Training“ oder „Personalentwicklung“ behandelt werden. Allerdings wird auch oft daraufgesetzt, dass Lernen eigentlich nicht wirklich erforderlich ist, etwa, weil die Tätigkeiten sehr einfach sind, oder dass dies „nebenbei“ oder durch kurze, elementare Anleitungen erreichbar ist. Und tatsächlich: In vielen Fällen ist Leistungsförderung nicht erst nach umfassender Wissensvermittlung möglich, oft reicht es schon aus, klare Regeln zu definieren und nachvollziehbares Feedback zu geben (siehe Kasten).

Verhaltensmanagement

Der Verhaltensmanagementansatz (Stajkovic & Luthans, 2003) besagt, dass Verhalten das Ergebnis der Reaktion auf Hinweisreize mit Aufforderungscharakter ist. Die Konsequenzen des Verhaltens bestimmen die Häufigkeit, Qualität und Dauer von Verhaltensweisen. Demnach sind Neulinge dann besser integrierbar, wenn sie wissen, was das eigentlich richtige Verhalten ist (= Hinweisreize) und wenn sie dafür verstärkt werden. Verstärkung kann nicht nur durch Geld stattfinden, sondern auch durch Anerkennung und Feedback, also auch Lob durch Vorgesetzte, Feedback durch Kunden und sogar das Gefühl, eine Aufgabe gut zu erledigen, können wirksam sein.

In anderen Fällen reichen auch kurze Instruktionen aus, wie sie beispielsweise mit der *Vier-Stufen-Methode* realisierbar sind. Die Vier-Stufen-Methode wurde in erster Linie als Anlernmethode für manuelle, relativ konstante Tätigkeiten (z. B. Montieren, Daten eingeben, Sortieren, Reinigen) entwickelt. Das methodische Vorgehen ist aber auch eine gute Orientierung für andere Vermittlungsprozesse. Sie besteht aus vier Phasen:

1. *Vorbereitung* (Ziele nennen, Motivieren, Vorkenntnisse ermitteln)
2. *Vorführung* (die Tätigkeit vormachen und dabei erklären, was man tut)
3. *Ausführung* (die Tätigkeit nachmachen lassen bzw. selbst probieren lassen, evtl. erläutern lassen)
4. *Abschluss* (den Trainee bis zur Selbständigkeit üben lassen, den Lernerfolg bestätigen, Rückzug des Trainers)

Viele Integrationsaufgaben können also schon gelöst werden, wenn lediglich klare Regeln aufgestellt (bzw. Erläuterungen, Instruktionen oder Hinweise formuliert) und konsequente Rückmeldungen gegeben werden. Diese Binsenweisheit wird aber keineswegs selbstverständlich umgesetzt, wofür im Wesentlichen drei Ursachen zuständig sind. Erstens wird die Notwendigkeit, die besagten Regeln zu formulieren, oftmals unterschätzt, z. B., weil sie für selbstverständlich gehalten werden. Zweitens muss Feedback eine bestimmte Qualität haben, es muss zeitnah erfolgen und darf nicht kontrollierend wirken. Und drittens müssen die Adressaten von Regeln und Feedback beides auch verstehen (siehe Kasten).

Beispiel: Scheitern beruflicher Ausbildungsverhältnisse

In Deutschland wurden 2020 rund ein Viertel aller Ausbildungsverträge vorzeitig aufgelöst (Bundesministerium für Bildung und Forschung, 2022). Zu den Ursachen gehören auch die Themen „Regeln“ und „Feedback“, sei es, dass in vielen Kleinbetrieben nicht die Bereitschaft existiert, behutsam und wertschätzend Feedback zu geben, sei es, dass es den Auszubildenden an grundsätzlichen Voraussetzungen fehlt (Sprachverständnis, kognitive Fähigkeiten). Seit 2015 wurde daher die Möglichkeit eingeführt, die berufliche Ausbildung durch zusätzliche Maßnahmen, organisiert und (teil)finanziert durch die Bundesagentur für Arbeit, zu begleiten, die „assistierte Ausbildung“, die u. a. in ergänzenden sozialpädagogischen Maßnahmen bestehen kann.

Was bis zu dieser Stelle noch völlig unberücksichtigt blieb, das ist das Wollen, die Bereitschaft, Motivation oder Haltung, die neue Mitarbeiterinnen und Mitarbeiter zeigen. Tatsächlich zielen aber Maßnahmen zur Integration auch darauf ab, erkennbar etwa daran, dass die erhofften, erwarteten oder notwendigen Verhaltensänderungen durch Strategien der Persuasion bewirkt werden sollen. So versucht man etwa Vertriebsmitarbeiter davon zu überzeugen, dass es *wirklich* gute Produkte sind, die sie vertreiben, dass sie also nicht Kunden etwas „aufreden“ müssen. In anderen Fällen geht es darum, die Personen davon zu überzeugen, dass sie die Aufgaben tatsächlich auch bewältigen *können*, indem etwa ihre Selbstwirksamkeit gesteigert wird: Das Konzept der *Selbstwirksamkeit* geht auf den berühmten Psychologen Albert Bandura zurück. Selbstwirksamkeit beschreibt die Überzeugung, ein bestimmtes Verhalten ausführen zu können. Die Förderung der Selbstwirksamkeit ist zu einem bedeutenden Ziel von Trainingsmaßnahmen geworden. Vier zentrale Prozesse sind dabei behilflich, die Selbstwirksamkeit zu fördern:

1. *Bisherige Erfolge:* Wer sich als erfolgreich erlebt (hat), wird auch weitere Erfolge erwarten.
2. *Beobachtung erfolgreicher Modelle:* Andere Personen wirken als nachahmenswerte Vorbilder, insbesondere, wenn sie mit ihrem Verhalten erkennbar Erfolg haben.
3. *Soziale Persuasion (Feedback, Suggestion):* Wenn man zurückgemeldet bekommt, dass man etwas gut kann, bestärkt es einen in der Überzeugung, das entsprechende Verhalten zu beherrschen. Hier können auch suggestive Mechanismen wirksam sein („Du kannst das!" oder sogar „Ich kann das!").
4. *Positive physiologische/emotionale Zustände:* Das entsprechende Verhalten sollte nicht angstbesetzt sein, es sollte Spaß machen, angenehm aktivierend wirken, ein befriedigendes Gefühl geben usw.

Je nach Kontext sind unterschiedliche Auswirkungen von Selbstwirksamkeit zu erwarten: Es werden höhere Ziele gesetzt, an diesen Zielen wird stärker festgehalten, sie werden mit mehr Ausdauer verfolgt usw. Ein Vorgesetzter, der sich nicht in die Karten schauen lässt, seinen Mitarbeiterinnen und Mitarbeitern wenig zutraut, nach dem Motto „nicht-kritisiert-ist-genug-gelobt" verfährt und jede Handlung mit einem Stirnrunzeln begleitet, wird also viel dazu beitragen, die Selbstwirksamkeit der Mitarbeiterinnen und Mitarbeiter gering zu halten – jedenfalls diese nicht zu erhöhen.

Nur wenig beachtet wurde bisher die Frage, ob es auch negative Wirkungen von hoher Selbstwirksamkeit geben könnte. Selbstüberschätzung kann nicht nur in Phasen des Lernens kritisch sein, wenn „Leichtsinn" zu Schaden an Sachen und Personen führen kann. Zudem kann eine aus hoher Selbstwirksamkeit eventuell resultierende mangelnde Anstrengungsbereitschaft, auch „Überheblichkeit" genannt, kurzfristig zum Verweigern von Lern- und Trainingsprozessen (Moser, Kemter, Wachsmann, Köver & Soucek, 2018) und längerfristig sogar zu Leistungseinbußen führen. Beunruhigend sind auch neuere Ergebnisse, wonach der erhebliche Zusammenhang zwischen Selbstwirksamkeit und individueller Leistung eher so zu deuten sei, dass erbrachte Leistungen zu Selbstwirksamkeit führten, nicht aber umgekehrt (Sitzmann & Yeo, 2013). Damit soll natürlich nicht für mehr „schwäbisches Feedback" („nix g'sagt isch g'nug g'lobt") plädiert werden, allerdings auch vor allzu naivem Fördern von Selbstwirksamkeit ohne Rücksicht auf Vorwissen und aktuelles Leistungsvermögen gewarnt werden. Aufgrund einer möglichen negativen Wirkung hoher Selbstwirksamkeit ist vielmehr auch auf die Passung der Neulinge zu Arbeitsplatz und Organisation zu achten und diese zu verstärken. Diese besonders populäre Idee des Ziels der Integration neuer Mitarbeiterinnen und Mitarbeiter wird im nächsten Abschnitt erläutert.

2.3 Passung und Commitment

Eine besonders einflussreiche Sichtweise auf die Einarbeitung neuer Mitarbeiterinnen und Mitarbeiter besteht darin, deren Ziel in der Anpassung des Individuums an die Organisation zu verstehen. Mit Passung („fit") von Individuum und Organisation wird meistens gemeint, dass sich Merkmale von Person und Organisation ähnlich sind (Edwards, 2008). Beispielsweise „passt" eine wettbewerbsorientierte Person gut in eine Wettbewerbsprinzipien pflegende Organisation (z.B., dass die Besten Leistungsprämien erhalten). Von solch einer supplementären Passung ist eine komplementäre Passung zu unterscheiden, bei der die Merkmale von Person und Organisation sich ergänzen (Kristof, 1996). Aus solch einer Perspektive würde eine wettbewerbsorientierte Person dann gut in eine Organisation passen, wenn diese einer solchen Person bedarf, weil z.B. anderen im Team genau diese Haltung fehlt und sich aus Sicht der Organisation zeigt, dass hieraus ein Problem resultiert. Beispielsweise könnten die sonstigen Teammitglieder zwar hoch innovativ sein, sich aber davor scheuen, ihre Ideen gegenüber Kunden und in Konkurrenz zu anderen Anbietern zu präsentieren. Hier würde also die Passung in einer zweckmäßigen Ergänzung der von der Organisation nachgefragten Ressourcen mit den Fähigkeiten der Personen bestehen („Demands-Abilities-Fit"). Ein drittes Verständnis von Passung betont schließlich die Übereinstimmung von Bedürfnis („need") und Bedürfnisbefriedigung („supply"). Man könnte auch sagen, dass diese Perspektive die anderen beiden zusammenführt, denn in manchen Fällen ist eine Bedürfnisbefriedigung dann möglich, wenn Ähnlichkeit besteht, beispielsweise, wenn kontaktfreudige Menschen Tätigkeiten ausüben, in denen viele Kontakte mit anderen Menschen möglich sind, in anderen Fällen aber ist die Bedürfnisbefriedigung dann eher möglich, wenn Unterschiedlichkeit existiert, beispielsweise um die eigene Hilfsbereitschaft ausleben zu können. Diese Arten der Passung von Person und Organisation sind in Abbildung 7 im Überblick dargestellt.

In der Regel wird Passung allerdings so verstanden, dass sie in einer möglichst großen Übereinstimmung von Einstellungen und Werthaltungen des Individuums und der Organisationskultur besteht.

Organisationskultur steht für die grundlegenden Annahmen und Überzeugungen, die von den Organisationsmitgliedern geteilt werden und welche die Eigen- und Umweltwahrnehmung definieren. Organisationskultur drückt sich z.B. in beobachtbaren Verhaltensregelmäßigkeiten (Sprache bzw. Jargon), dominanten Werten (z.B. „Qualitätsbewusstsein") oder Symbolen (Architektur, Kunstwerke in Eingangshallen) aus. Teil der Organisation zu werden und sich deren Kultur zu eigen zu machen, könnte sogar als „ultimatives Kriterium" der organisationalen Sozialisation bezeichnet werden.

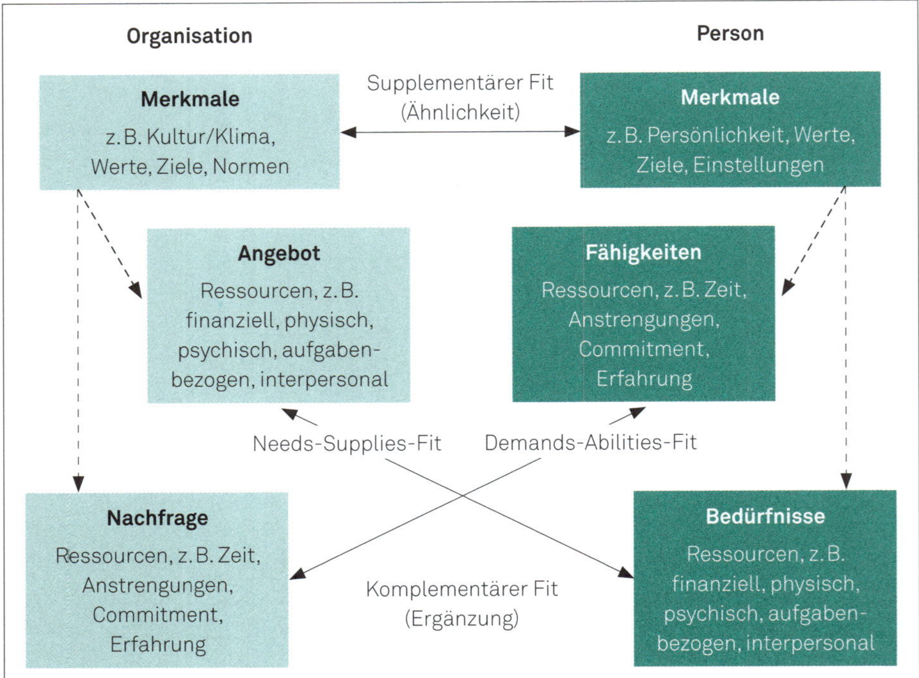

Abbildung 7: Arten der Passung von Person und Organisation (in Anlehnung an Kristof, 1996)

Zahlreiche Organisationen haben mittlerweile ihre Organisationskultur in einem Leitbild formuliert. Grundgedanke dabei ist, dass Organisationen eine Identität haben, die sich auch als Selbstverständnis oder Persönlichkeit umschreiben lässt, und als „Corporate Identity" bezeichnet wird. Diese zeigt sich im sichtbaren Verhalten von einzelnen Organisationsmitgliedern ebenso wie in der Kommunikation und im öffentlichen Auftreten der Organisation und ihrer Repräsentanten und wird im Leitbild ausformuliert. Konkreter thematisiert ein Leitbild Sinn und Zweck, Werte und Normen sowie Ziele und Potenziale einer Organisation. Im Erfolgsfall hilft die Corporate Identity bei der Schaffung einer Organisation mit exzellenter Reputation. Im Idealfall passt die Identität des Individuums zur Identität der Organisation (siehe Kasten).

Passung von Individuum und Organisation: Zwei Ansatzpunkte zur Messung

Wenn man feststellen will, ob Neulinge und Organisation zueinander passen, dann gibt es prinzipiell zwei Vorgehensweisen, entsprechende Daten zu erheben. Zum einen kann man die Neulinge sich selbst beschreiben lassen und mit den gleichen Begriffen z.B. von anderen Beschäftigten die Organisation beschreiben lassen. Wenn die so gewinnbaren Profile übereinandergelegt werden, dann kann man das Ausmaß der Passung erkennen.

Die zweite Vorgehensweise besteht darin, die Neulinge um eine direkte Einschätzung ihrer Passung zu bitten. Diese Fragen beziehen sich zum einen auf die Übereinstimmung der persönlichen Werte mit den Werten der Organisation (*Person-Organization-Fit,* z.B. „Die Dinge, die ich in meinem Leben wertschätze, sind den Dingen sehr ähnlich, die meine Organisation wertschätzt."), die Passung zwischen tatsächlichen und gewünschten Merkmalen der Arbeitsstelle (*Needs-Supplies-Fit,* z.B. „Die Merkmale, nach denen ich an einer Arbeitsstelle suche, werden sehr gut von meiner momentanen Arbeitsstelle erfüllt.") oder die Übereinstimmung zwischen Anforderungen und Fähigkeiten (*Demands-Abilites-Fit,* z.B. „Die Anforderungen an meinen Arbeitsplatz passen sehr gut zu meinen persönlichen Fähigkeiten.") (Cable & DeRue, 2002).

Worin drückt sich nun aber aus, dass das Individuum eine zu ihm passende Organisationskultur gefunden hat? Eine zentrale Antwort lautet: in einem hohen *organisationalen Commitment* (Moser, 1996; van Dick, 2017). Beschäftigte haben ein hohes Commitment gegenüber ihrer Organisation, wenn sie sich stark mit den Normen und Werten der Organisation identifizieren, zu hohen Anstrengungen bereit sind und einen starken Wunsch haben, in der Organisation zu verbleiben (Mowday, Porter & Steers, 1982). Die Förderung von organisationalem Commitment ist für Organisationen von Bedeutung, da hohes Commitment mit geringer Fluktuation, aber auch mit hoher Einsatzbereitschaft und innovativem Verhalten einhergeht (Moser, 1996).

Zur Messung von Commitment gibt es unterschiedliche Skalen. Insbesondere das affektive Commitment gegenüber der Organisation ist von Bedeutung, Commitment kann aber auch gegenüber der eigenen Arbeitsgruppe (Team-Commitment) oder den Vorgesetzten existieren (Felfe & Franke, 2012). Da es im Wesentlichen darum geht, in welchem Umfang eine emotionale Beziehung zur Organisation existiert, wie sie auch im Konzept des *psychologischen Kontrakts* (Moser et al., 2016) gemessen wird, kommt auch eine entsprechende kurze Skala für Evaluationszwecke infrage (siehe Kasten).

Messung des psychologischen Kontrakts

Das Ausmaß, in dem die Beziehung zum Unternehmen nicht nur einen reinen ökonomischen, sondern einen sozio-emotionalen Fokus hat, lässt sich mit einer vor kurzem vorgestellten Skala erfassen, deren Werte zudem sehr hoch mit „Commitment" korreliert sind. Die Items der Skala lauten:

- Freundschaft und Loyalität sind wesentliche Bestandteile der Beziehung zu meinem Unternehmen.
- Die Beziehung zu meinem Unternehmen sehe ich vor allem als Austausch „Arbeitsleistung gegen Geldleistungen". (r)
- Ich identifiziere mich stark mit meinem Unternehmen.

- Die Beziehung ist rein geschäftlicher Natur. (r)
- Mein Unternehmen ist wie eine Familie für mich.
- Bei diesem Unternehmen zähle ich als Arbeitskraft und nicht als Person. (r)

Die mit „r“ gekennzeichneten Items müssen vor der Auswertung rekodiert werden. Als Instruktion wurde verwendet: „Bitte geben Sie an, inwiefern diese Aussagen auf die Beziehung zu Ihrem Unternehmen zutreffen.“ Die Antworten wurden auf einer 5-stufigen Skala von 1=„stimmt gar nicht“ bis 5=„stimmt völlig“ gegeben. Vergleichswerte und weitere Befunde werden in Moser et al. (2016) berichtet.

An dieser Stelle lohnt eine etwas weiterführende Auseinandersetzung mit der Frage, wie Commitment entsteht, denn nicht nur eine passende Organisationskultur kann hierzu beitragen. Höheres Commitment resultiert u.a. aus dem *öffentlichen Eintreten* in eine Organisation und aus vergleichsweise *hohen Investitionen* vonseiten der Neulinge. Entsprechend lassen sich z.B. Seminare für neue Mitarbeiterinnen und Mitarbeiter als Mittel zur Herstellung von Öffentlichkeit interpretieren: Neulingen fällt es vermutlich schwerer, sich innerlich von der Organisation zu distanzieren und schließlich zu kündigen, wenn viele andere Menschen (z.B. andere Auszubildende, Führungskräfte verschiedener Ebenen) vom Eintritt in die Organisation wissen. Hohe Investitionen stellen z.B. die Überwindung anspruchsvoller Personalauswahlverfahren oder ein Umzug in eine neue Stadt dar.

Fluktuation scheint ein besonders naheliegender Indikator misslungener organisationaler Sozialisation zu sein. Dies trifft aus Sicht der Organisation dann zu, wenn Beschäftigte *freiwillig* die Organisation verlassen, da Investitionen z.B. in die Ausbildung sich nicht amortisieren. Allerdings lassen sich vor allem zwei Probleme anführen, warum es in der Praxis schwierig ist zu erkennen, um welche Art der Fluktuation (freiwillig oder unfreiwillig) es sich handelt (Campion, 1991; vgl. auch Häfner & Truschel, 2022): (1) Die Validität von Fluktuationsgründen ist fraglich, da z.B. in Personalakten oft nur *ein* Grund genannt wird oder unklare Kategorien verwendet werden. (2) Die Unterscheidung zwischen freiwilliger und unfreiwilliger Fluktuation ist künstlich. In vielen Fällen handelt es sich um einen *Einigungsprozess* zwischen Individuum und Organisation – z.B. geht ein Mitarbeiter mit schlechten Leistungen freiwillig, bevor ihm gekündigt wird. Campion (1991) meint daher, dass es sich bei der Freiwilligkeit von Fluktuation eher um ein Kontinuum von „vollständig freiwillig“ bis „vollständig unfreiwillig“ handelt.

Die genaue Art der Fluktuation ist also nicht einfach erkennbar. Zudem hängt Fluktuation auch von Randbedingungen wie den aktuellen Arbeitsmarktbedingungen ab. Wichtige Prädiktoren von freiwilliger Fluktuation sind neben Commitment, Arbeitszufriedenheit und einer (langen) Betriebszugehörigkeit auch das Führungsverhalten sowie Rollenkonflikte und Rollenambiguität (z.B. Allen,

Bryant & Vardaman, 2010). Nähere Ausführungen hierzu folgen im nächsten Abschnitt.

Die nicht gelungene Anpassung an der Fluktuation zu messen, ist aber vor allem deshalb unbefriedigend, weil man dann nichts mehr ändern kann, jedenfalls nicht für die betroffenen Personen. Dies erklärt somit den Reiz, den es hat, Variablen wie Passung und Commitment zu erheben. In Ausnahmefällen kann es zudem möglich sein, Verhaltens*absichten,* wie z. B. das Suchverhalten (Bewerbungen um andere Stellen) festzustellen. Natürlich ist es für eine Organisation schwierig, solche Absichten in Erfahrung zu bringen. Zudem kann die Bewerbung auf eine andere Stelle auch dadurch motiviert sein, dass die Betreffenden

- die derzeitige Position im Hinblick auf positive Zielkriterien mit anderen Möglichkeiten vergleichen möchten;
- den eigenen Marktwert überprüfen wollen;
- einen Vergleich der Vergütung extern angebotener Positionen und der eigenen Position anstreben;
- alternative Angebote suchen, um die eigene Verhandlungsposition beim bisherigen Arbeitgeber zu stärken (Jochmann, 1990).

Aber auch das Commitment ist nicht in allen Fällen ein geeignetes Maß dafür, den Erfolg der Integration zu bestimmen, wie das Beispiel im Kasten zeigt. Daher gibt es auch die Überlegung, die Qualität der Integration weniger am Verhältnis zur Organisation festzumachen, sondern eher nach Auswirkungen auf die Gesundheit der Mitarbeiterinnen und Mitarbeiter zu fragen.

Commitment bei Zeitarbeitnehmern

Ebenfalls problematisch könnte Commitment dann sein, wenn eine überdauernde Beschäftigung vonseiten der Organisation nicht vorgesehen, zumindest aber fraglich ist. Aufschlussreich ist in diesem Zusammenhang eine längsschnittliche Studie mit Zeitarbeitnehmern (Galais & Moser, 2009). Diese sind zwar formal beim Personaldienstleister beschäftigt, fühlen sich aber oft eher dem Entleiher zugehörig und erhoffen sich auch meistens eine Übernahme durch diesen. Wie wirken sich in solchen Fällen Commitment gegenüber Personaldienstleister einerseits und Entleiher andererseits aus? Galais und Moser (2009) fanden, dass organisationales Commitment gegenüber dem Personaldienstleister damit einherging, dass Einsatzwechsel positiv erlebt werden. Organisationales Commitment gegenüber dem Einsatzunternehmen hatte im Querschnitt sogar negative Effekte auf psychosomatische Beschwerden und zudem positive Effekte auf die Übernahmewahrscheinlichkeit. Allerdings zeigte sich: Wenn eine Übernahme ausbleibt, geht hohes organisationales Commitment gegenüber dem (bisherigen) Entleiher mit einer *Zunahme* von psychosomatischen Beschwerden einher. Man möchte sagen: Die Mitarbeiter haben sich an die falsche Organisation gebunden und bezahlen das mit ihrer Gesundheit.

2.4 Rolle und Identität

„Was soll ich nun hier tun?“, ist eine der ersten Fragen, die sich neue Mitarbeiterinnen und Mitarbeiter stellen. Dies ist zunächst die Frage danach, was denn die Umgebung von einem erwartet. Die Auseinandersetzung mit Erwartungen bedeutet, sich über die eigene Rolle im Klaren zu werden. Rollen sind „Bündel von Erwartungen an Positionsinhaber“. Diese Klärung der eigenen Rolle ist ein wesentliches Ziel der Integration, weshalb die Rollenklarheit bzw. geringe Rollenambiguität ein wichtiges Kriterium einer gelungenen Integration ist. Die Klärung der Rolle bzw. der Erwartungen kann durch verschiedene Personen, Dokumente, Schulungsmaßnahmen usw. geschehen.

Die Rollenklarheit bzw. Rollenambiguität bezieht sich auf die Unsicherheit über die zur jeweiligen Aufgabenerledigung angemessenen Methoden bzw. Vorgehensweisen, die Ungewissheit über die zeitliche Abfolge der zu erledigenden Arbeiten und die Unklarheit über die Kriterien oder Standards, nach denen Arbeitsleistungen bewertet werden (Schmidt & Hollmann, 1998; vgl. auch Sodenkamp & Schmidt, 2000).

Eine entsprechende Skala und Anleitung zur Auswertung findet sich auf den beiliegenden Karten.

Im einfachsten Fall bekommt man gesagt, was zu tun ist. Oder man imitiert einfach die anderen Neulinge, von denen man annimmt, sie wüssten wohl schon etwas besser Bescheid als man selbst. Wenn aber keine Einweisung oder Einarbeitung erfolgt und wenn es auch keine anderen Neulinge gibt, kann Rollenambiguität entstehen. Diese kann aber auch resultieren, weil es entweder für die Zuständigen nicht so einfach ist, Anweisungen zu geben oder wenn es sogar Bestandteil der organisationalen Sozialisation ist, dass sich die neuen Mitarbeiterinnen und Mitarbeiter selbst orientieren sollen, dass sie früh zeigen sollen, dass sie zu selbstständigem, proaktivem Denken und Handeln fähig sind.

Die Idee der Rolle, die Neulinge suchen und einnehmen, hat eine sehr grundsätzliche Bedeutung für das Verständnis von organisationalen Ereignissen. Tatsächlich kann der ganze Prozess der Karriere in einer Organisation als Abfolge von Rollen beschrieben werden (Trice & Morand, 1989). Solche Übergänge, und damit natürlich auch die Integration neuer Mitarbeiterinnen und Mitarbeiter, werden oft von zeremoniellen Ritualen begleitet. So finden, bevor es zur richtigen Aufnahme in die Organisation kommt, oft zunächst Separierungs- und Übergangsrituale statt. Die Separierung besteht etwa darin, demonstrativ die bisherige Identität aufzugeben, Übergangsrituale kennzeichnen, dass die Neulinge noch in einem Wartestand sind. Die Kernidee all dieser Überlegungen besteht darin, dass den Neulingen eine anerkannte Rolle zunächst verwehrt wird, die entsprechenden Rituale haben „zeremonielle Funktionen“, sozusagen eine Signalwirkung an alle Beteiligten (siehe das Beispiel im Kasten).

Übergänge, Zeremonien und Integration

Besonders markant ist die Aufnahme in ein Kloster. Wer Nonne werden will, durchläuft verschiedene Phasen (u.a. Probezeit, Noviziat, Profess), die Übergänge werden nicht nur durch Rechte und Pflichten, sondern auch durch Kleidungswechsel kenntlich gemacht. Aber auch andere Ausbildungs- und Integrationsprozesse kennen Rituale und Zeremonien, etwa das „Bergfest“ nach Abschluss der Hälfte der Ausbildungszeit.

Zu verstehen, was die eigene Rolle ist, und sich auch hierdurch in die Arbeitsgruppe und die Organisation einfügen zu können, ist ein Bestandteil der Entwicklung einer Identität, also einem Gefühl zu wissen, „wo man hingehört“ und „zu wem man gehört“. Und hierzu gehört auch zu lernen, „was von einem erwartet wird“ und „wie man Anerkennung erfährt“. Die ganze Karriere kann als Abfolge von Rollen verstanden werden – eine Karriere, die typischerweise innerhalb einer Organisation stattfindet.

Eine alternative Sichtweise auf Karriere fokussiert die Idee, einen *Beruf* möglichst angemessen, nach Qualitätsstandards auszuüben. Für Absolvierende eines Psychologiestudiums ist dies z.B. oft der Fall, sie wollen „als Psychologe/-in“ arbeiten. Auch in anderen freien Berufen (z.B. Rechtsanwälte, Apotheker, Hebammen) ist dies charakteristisch. Hier wird dann der Beruf Bestandteil – und manchmal sogar Grundlage – der Identität. Arbeiten Menschen mit einer starken beruflichen Identität dann in größeren Organisationen oder expandiert ihre eigene Praxis, dann können *Professionalitätskonflikte* entstehen (siehe Kasten).

Professionalitätskonflikte

Es kann zu Professionalitätskonflikten kommen, wenn die Organisationsziele und -standards nicht dem beruflichen Selbstverständnis der Beschäftigten entsprechen. Ein typisches Beispiel hierfür sind Mitarbeiterinnen und Mitarbeiter, die aus dem universitären Kontext nach der Promotion in die Wirtschaftswelt wechseln. Es fällt ihnen z.B. oft schwer, nur so viel zu liefern, wie der Kunde bereit ist zu zahlen, da sie sich an der optimalen Lösung des Auftrags orientieren und Effizienzaspekte eher zurückstellen.

„Wir offerieren, was der Markt nachfragt“, oder „Wenn der Kunde darauf besteht, dass Lehrstellenbewerber eine sehr gute Note in Sport haben müssen, dann ist das eben so“, sind nur zwei beispielhafte Aussagen, die man stattdessen im Beratungsgeschäft hört. Wer ein Geschäft machen könne, solle sich nicht mit fachlichen Bedenken aufhalten. Schließlich seien die Kunden bzw. Klienten selbst dafür verantwortlich, wenn sie etwas wollen und bezahlen. Professionalitätskonflikte sind oft Konflikte um Qualitätsstandards, nicht nur im Beratungsgeschäft. So berichtete ein junger, gerade promovierter Physiker über seine ersten Arbeitswochen bei einem großen deutschen Automobilzulieferer und insbesondere über seine Probleme mit gewissen Standards, worauf ihm sein Vorgesetzter lapidar sagte: „Sie denken zu sehr wie ein Physiker, Sie müssen lernen, wie ein Ingenieur zu denken."

Erneut erweist sich das Konzept der Rolle als fruchtbar, nun geht es allerdings nicht um Rollenambiguität, sondern um eine Variante eines Rollenkonfliktes. Professionalitätskonflikte können als Rollenkonflikte verstanden werden und die Integration neuer Mitarbeiterinnen und Mitarbeiter kann durchaus daran scheitern, dass es keine Auflösung dieses Professionalitätskonflikts gibt.

Rollenkonflikte entstehen immer dann, wenn von verschiedenen Seiten Erwartungen existieren, oder auch nur zu existieren scheinen, und diese nicht gleichzeitig erfüllbar sind. Wer beispielsweise als „High Potential" (HiPo) in ein Unternehmen kommt und anderen Neulingen begegnet, die auch von einer Hochschule kommen, aber Direkteinsteiger sind, also in einer spezifischen Abteilung beginnen, während man selbst ein spezielles Trainee-Programm durchläuft, der kann solche Rollenkonflikte erleben. Manche Vorgesetzte erwarten dann eine besonders hohe Einsatzbereitschaft, dass also solche „HiPos" etwas Besonderes sind, und die HiPos erwarten auch eine besondere Behandlung, während die anderen neuen Mitarbeiterinnen und Mitarbeiter einem entsprechenden „Dünkel" eher ablehnend begegnen.

Rollenkonflikte können auch entstehen, wenn Erwartungen von außerhalb der Organisation in Konflikt mit den professionellen Erwartungen an die Neulinge treten. Beispielsweise kann an junge Polizistinnen und Polizisten aus ihrem Freundeskreis oder der Familie signalisiert werden, jemandem doch einen Gefallen zu tun oder zu helfen, während es natürlich in diesem Beruf erforderlich ist, unparteiisch und insbesondere nicht korrumpierbar zu sein.

Organisationen formulieren Erwartungen, die zu Rollen „gebündelt" werden. In Konflikt mit diesen Erwartungen kann man auch schon kommen, wenn eigene Einstellungen und Werthaltungen dazu im Widerspruch stehen. Sehr prinzipiell wird dieser Konflikt, wenn die Einstellungen und Werthaltungen nicht zu der Rolle als Organisationsmitglied passen. Zu den minimalen Erwartungen gehört die Bereitschaft zur Partizipation, zur Produktivität (gemessen an den Zielen und Kriterien der Organisation) und zur Kooperation. Konflikte entstehen, wenn selbst diese minimale Bereitschaft nicht vorhanden ist, weil man sich nicht unterordnen will, wenn es gewisser Sekundärtugenden mangelt, wie etwa der Bereitschaft, regelmäßig und ohne Beaufsichtigung oder Zwang zur Arbeit zu kommen und Leistung zu erbringen, oder wenn die Erwartungen von außerhalb der Arbeit zu stark werden, z. B. sich stärker und primär um die Familie zu kümmern.

Besonders intensive Konflikte können Menschen erleben, die eine wirklich tiefe Bedeutung in ihrer Arbeit sehen oder suchen, die sich berufen fühlen, eine Tätigkeit auszuüben und etwas für andere, für die Gesellschaft, beizutragen. Damit geht einher (Bunderson & Thompson, 2009),

- sich stark mit seinem Beruf zu identifizieren,
- seine Arbeit als bedeutsam zu erleben,
- eine moralische Pflicht zu empfinden, seine Arbeit gewissenhaft zu erledigen,
- bereit zu sein, persönliche Opfer zu erbringen.

Entsprechende Konflikte resultieren beispielsweise bei Menschen, die pflegerische Berufe ergreifen und mit für sie dann schwer erträglichen organisatorischen Auflagen konfrontiert werden, beispielsweise zu kontrollieren, dass man sich nicht zu lange um bedürftige Klienten kümmert, oder bei Ärzten in Krankenhäusern, denen unwirtschaftliches Verhalten vorgeworfen wird, wenn sie auf sorgfältigen Untersuchungen bestehen und dies zu einer „unangemessen" langen Verweildauer der Patienten führt. In einer Studie zur Tierpflege fanden Bunderson und Thompson (2009) zudem, dass bei Menschen mit einer starken inneren Berufung das Verhältnis zum Management oft angespannt war und dass sie anfällig dafür waren, sich ausbeuten zu lassen.

Zusammenfassend zeigt sich somit, dass berufliche und organisationale Rollen unterschiedliche Funktionen im Rahmen der Entwicklung und Stabilisierung einer Identität haben können. In manchen Fällen findet eine Identitätsentwicklung dadurch statt, dass man sich in seine Rolle in einer Organisation einfindet. In anderen Fällen muss die Identität weiterentwickelt werden, die man z.B. aus der beruflichen Ausbildung mitbringt. Wieder andere haben bereits eine ausgereifte Identität, eine Persönlichkeit, die sich dann mit beruflichen Standards oder organisationalen Notwendigkeiten auseinandersetzen muss.

2.5 Stressprävention und -bewältigung

Der Eintritt in eine Organisation führt zu einer Vielzahl neuer Eindrücke und Erfahrungen für die Neulinge. Sie lernen neue Kolleginnen und Kollegen kennen und werden mit neuen Aufgaben und Anforderungen konfrontiert. Die Anfangszeit in einer Organisation ist daher eine sehr anregende Zeit, die aber oft auch als sehr „stressig" empfunden wird. Dies ergibt sich daraus, dass diese Phase eine Konfrontation mit Unbekanntem bedeutet. Sie ist daher mit erheblicher Unsicherheit und der Begegnung mit Stressoren verbunden (siehe Abbildung 8; Ellis, Bauer, Mansfield, Erdogan, Truxillo & Simon, 2015). *Stressoren* sind solche Faktoren, die Belastungen darstellen und zu Beanspruchungsreaktionen führen können. Stressreaktionen sind subjektive Zustände aufgrund der Befürchtung, dass eine stark aversive Situation vermutlich nicht vermieden werden kann. Zudem glaubt die

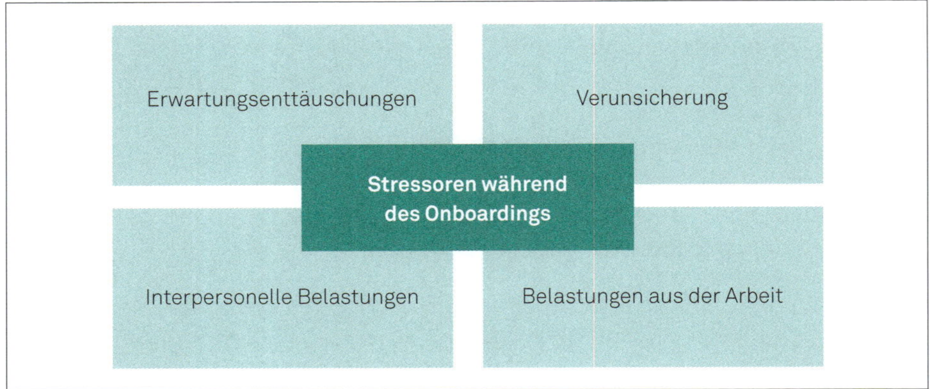

Abbildung 8: Stressoren während des Onboardings (in Anlehnung an Ellis et al., 2015)

Person, die Situation nicht beeinflussen oder durch die Nutzung von Ressourcen (z. B. Kenntnissen oder Fertigkeiten) bewältigen zu können (Greif, 1989).

Die Rolle der Neulinge ist ambivalent, einerseits genießen sie während der Anfangszeit eine Art von Schonung („Welpenschutz") und besondere Aufmerksamkeit durch Vorgesetzte und Teammitglieder, andererseits ist es an ihnen, den Erwartungen, die an ihre Person gestellt werden, gerecht zu werden und sich zu bewähren. Sie müssen beweisen, dass sie die richtige Person für den Arbeitsplatz sind. Insbesondere wenn die Neulinge Angst haben, den Anforderungen nicht gerecht zu werden bzw. sich unsicher darüber sind, auf welche Weise ihnen dies gelingen wird, kann es zu Stressreaktionen kommen. Zwar ist es eher unüblich, bei neu eingestellten Mitarbeiterinnen und Mitarbeitern Symptome von Stress zu erfassen, dennoch sollen hier unterschiedliche mögliche Konsequenzen von Belastungen dargestellt werden, die schon in der Anfangsphase in einer Organisation auftreten können. Im Kasten wird ein Ansatz zur Messung der individuellen Beanspruchung dargestellt.

Messung psychischer Beanspruchung

In der Anfangsphase erleben Neulinge häufig Unsicherheit. Diese resultiert aus der Ungewissheit, ob sie die Probezeit erfolgreich überstehen werden und aus der Unklarheit über die eigene Rolle in der Organisation. Dies kann zu einem erhöhten Maß an Irritationen bzw. Gereiztheit führen (Mohr, Rigotti & Müller, 2007). Zwei Beispielitems aus der Irritations-Skala (IS) verdeutlichen die Symptomatik, die sowohl kognitive Aspekte („Ich muss auch zu Hause an Schwierigkeiten bei der Arbeit denken") als auch emotionale Aspekte beinhalten kann („Ich reagiere gereizt, obwohl ich es gar nicht will"). Da sich mit diesem ökonomisch einsetzbaren Fragebogen auch eine kurzfristig entstandene Beanspruchung erfassen lässt, ist er durchaus geeignet, im Rahmen von Befragungen auch bei neuen Mitarbeiterinnen und Mitarbeitern eingesetzt zu werden.

Engagieren sich die neuen Mitarbeiterinnen oder Mitarbeiter über die Maßen, versuchen anderen Teammitgliedern und Vorgesetzten sowie ggf. Kunden „alles recht zu machen", während sie ihre eigenen Bedürfnisse in den Hintergrund stellen, kann es auch schon in der Anfangsphase zu Symptomen von *Burnout* kommen. Das „Ausbrennen" kann nämlich oft auf ein anfänglich übermäßiges Engagement und intensive emotionale Beteiligung zurückgeführt werden. „Ausgebrannt" zu sein besteht u. a. darin, sich dauerhaft erschöpft und zunehmend weniger leistungsfähig zu fühlen. Es gibt viele verschiedene Instrumente zur Erfassung von Burnout-Symptomen, das erste und immer noch häufig eingesetzte Verfahren ist das sogenannte „Maslach Burnout Inventory" (MBI; Maslach & Jackson, 1981; dt. Version von Büssing & Perrar, 1992). Hier werden drei Aspekte, nämlich die emotionale Erschöpfung („Ich fühle mich durch meine Arbeit emotional erschöpft."), die Depersonalisierung („Es macht mir nicht wirklich viel aus, was mit manchen Patienten passiert.") sowie persönliche Leistungseinbußen („Ich habe ein unbehagliches Gefühl wegen der Art und Weise, wie ich manche Patienten behandelt habe.") erfasst. Die Messung von Burnout-Symptomen empfiehlt sich jedoch nur, wenn den Befragten absolute Anonymität garantiert werden kann und seitens der Mitarbeiterinnen und Mitarbeiter keine negativen Konsequenzen befürchtet werden.

Grundsätzlich ist die Messung von Stresssymptomen bei Neulingen sehr problematisch. Die Artikulation von Beanspruchung kommt im Bewährungskontext der Anfangszeit einem Bekenntnis geringer Belastbarkeit gleich. Es fällt Menschen grundsätzlich schwer, vor sich – und erst recht vor anderen – zuzugeben, dass sie die Belastungen am Arbeitsplatz nicht „einfach so wegstecken", sondern darunter leiden. Auch das Erfragen von Stresssymptomen durch Vorgesetzte könnte als Signal verstanden werden, dass die Neulinge möglicherweise nicht als voll leistungsfähig angesehen werden. Daher ist es zwar wichtig, dass Organisationen auch die Beanspruchung ihrer neuen Mitarbeiterinnen und Mitarbeiter im Auge haben, gleichzeitig ist aber bei entsprechenden Befragungen eine hohe Professionalität wichtig.

Zu den Belastungsfaktoren, die während der Integration neuer Mitarbeiterinnen und Mitarbeiter besonders bedeutsam sein können, gehören Erwartungsenttäuschungen, Verunsicherung, interpersonelle Belastungen und Belastungen aus der Arbeit. In eine neue Organisation zu kommen, ist letztlich Resultat einer Entscheidung mit zahlreichen Unbekannten. Zwar werden im Voraus bestimmte Informationen gegeben und Bewerberinnen und Bewerber erkundigen sich auch selbst bei verschiedenen Quellen, dennoch resultieren *Erwartungen,* die sich oft nicht erfüllen. Dies liegt nicht nur daran, dass die Informationen unvollständig sind, sondern auch daran, dass Organisationen um neue Mitglieder werben in dem Sinne, dass sie primär attraktive Aspekte der Organisation und des zu besetzenden Arbeitsplatzes herausstellen. Die resultierenden Enttäuschungen können banal sein, sie können aber auch Gewicht haben und als Stressoren wirken. Ein Beispiel könnte etwa der zu geringe Handlungsspielraum sein, der einem zugestanden wird.

Unerfüllte Erwartungen als Stressoren

In Übereinstimmung mit der These, unerfüllte Erwartungen seien Stressoren, lassen sich solche Moderatorwirkungen des Erlebens von Erwartungsenttäuschungen nachweisen, die auch aus der sonstigen Stressforschung bekannt sind. Beispielsweise erweist sich Optimismus, also ob Personen eher mit angenehmen oder unangenehmen Ereignissen rechnen, als Moderator des Stressempfindens im Allgemeinen wie auch der Reaktionen auf Erwartungsenttäuschungen. So konnten Galais und Moser (2001) zeigen, dass Optimismus den Zusammenhang zwischen Enttäuschungen und Fluktuationsneigung moderiert: Optimistische Auszubildende dachten trotz erlebter Enttäuschungen weniger darüber nach, die Ausbildung abzubrechen, als weniger optimistische Auszubildende.

Es liegt nun auf der Hand, die Integration zu verbessern, indem man Erwartungsenttäuschungen reduziert. Ślebarska und Soucek (2020) stellten dazu die Förderung proaktiven Copings als einen Ansatzpunkt vor: So ging ein hohes Ausmaß an proaktivem Coping zumindest kurzfristig mit weniger Erwartungsenttäuschungen einher. Allerdings stellt der Bericht über unerfüllte Erwartungen oft gar nicht das Resultat von Abweichungen von vorherigen Erwartungen dar. Dies mag verblüffen: Woran könnte das liegen? Zum einen kann die Erfüllung bzw. Abweichung von Erwartungen auch mit einer späteren Veränderung bzw. Redefinition von Erwartungsniveaus und -inhalten einhergehen (Louis, 1980). So können Überraschungen für Bereiche berichtet werden, in denen im Vorhinein gar keine Erwartungen ausgebildet wurden.

Louis (1980) unterscheidet in diesem Zusammenhang zwischen impliziten und emergenten Erwartungen. *Implizite Erwartungen* sind vor Arbeitsantritt nicht artikulierbar. Sie stellen Erwartungen dar, die quasi in der Person „schlummern", und sich erst bei der Konfrontation mit der Realität bemerkbar machen. *Emergente Erwartungen* entstehen sogar erst in der Auseinandersetzung mit der Arbeitsrealität. Somit scheint es Erwartungen zu geben, welche die Grundlage eines Erwartungsabgleichs darstellen, obwohl sie vor Arbeitsantritt noch gar nicht erfragt werden können. Damit werden aber Bewerberinnen und Bewerber weder nach solchen Inhalten fragen, noch werden sie besonders empfänglich dafür sein, wenn Informationen darüber angeboten werden. Oder sie erfahren zwar davon, verstehen aber die wirkliche Bedeutung erst dann, wenn sie in konkreten Arbeitssituationen damit konfrontiert werden. Beispielsweise können neue Mitarbeiterinnen und Mitarbeiter zwar wissen, dass sie als Ausgleich für eine bescheidene Bezahlung viel Handlungsspielraum in ihrer Arbeit haben werden, aber erst nach Antritt der Arbeitsstelle richtig verstehen, dass dieser vermeintliche Handlungsspielraum möglicherweise als Euphemismus für mangelnde Einarbeitung und einen Laissez-Faire-Führungsstil steht.

Es gibt noch einen zweiten Grund, weshalb die Reduzierung von Erwartungsenttäuschungen nur begrenzte Wirkung hat. Wenn dies nämlich bedeutet, dass Bewerberinnen und Bewerbern klargemacht wird, dass sie nicht zu viel erwarten sollten, dann kann dies zu einer *vorweggenommenen Enttäuschung* führen, die zwar nicht gleich zu einer Ablehnung des Stellenangebots führt, sehr wohl aber zu negativen Äußerungen, wenn nach enttäuschten Erwartungen gefragt wird. In solchen Fällen wird in den entsprechenden Antworten eigentlich zum Ausdruck gebracht, dass man sich etwas Anderes gewünscht hätte.

Bruch des psychologischen Kontrakts

Alternativ zum Konzept der Erwartungsenttäuschungen wurde vor einigen Jahren der „gebrochene psychologische Kontrakt“ eingeführt. Damit ist gemeint, dass nicht Erwartungen enttäuscht, sondern Versprechen gebrochen werden können. In der entsprechenden Forschung wurde zudem unterstellt, dass die Reaktionen auf gebrochene Versprechen heftiger sind als auf Erwartungsenttäuschungen. Allerdings zeigte sich bei genaueren Analysen, dass es weniger die wahrgenommenen Versprechen sind, sondern die Bewertung der aktuellen Situation, was das Erleben prägt (Montes & Zweig, 2009). Damit konvergieren diese beiden Forschungsbereiche insofern, als weniger entscheidend ist, was man „objektiv“ erwartet bzw. als versprochen wahrnimmt, sondern welche *Diskrepanz* man zwischen dem aktuell Erlebten und dem Gewünschten bzw. Gewollten empfindet.

Erwartungsenttäuschungen fokussieren zunächst das Problem unzulänglicher, insbesondere fehlender oder falscher Informationen. Nun stellt sich allerdings die Frage, ob denn alle Varianten des Stresserlebens Resultat unzulänglicher Informationen sind. Rollenkonflikte oder Rollenambiguität resultieren nämlich nicht primär aus Informationsmängeln, sondern sind eher Ausdruck von Ambiguität von Informationen und damit *Unsicherheit*. Nach Louis (1980) erleben neue Mitarbeiter vielfältige Überraschungen, aus denen sie Sinn zu stiften versuchen („sense making“). Individuen haben kontinuierlich die Aufgabe, ihre Identität zu konstruieren (Weick, 1995), wobei sie das Verhalten anderer sowohl als Signal interpretieren als auch versuchen, dieses zu gestalten: Indem sie sich verhalten und die Resultate davon erleben, erfahren sie mehr darüber, wie sie sind. Dieses Sinnstiften besteht im fortschreitenden Rekonstruieren möglicher Bedeutungen von Ereignissen zu einem plausiblen Bild, zu einer kohärenten Geschichte.

Aus der Perspektive des Sinnstiftungsansatzes geht es für Neulinge vor allem darum, den gemachten Erfahrungen Sinn zu verleihen. Dabei handelt es sich um einen intersubjektiven Prozess, d.h., es muss über die Interpretationen Einigkeit mit anderen mittels Kommunikation erzeugt werden und im Zweifelsfall ist Plausibilität („Stimmigkeit") wichtiger als Akkuratheit. Ein typisches Beispiel hierfür ist die Art und Weise des Umgangs mit den frühen Erfahrungen in einem Universitätsstudium, wenn diverse Verunsicherungen dadurch verarbeitet werden, dass man sich mit anderen Studierenden unterhält und rasch einer Meinung ist, dass viele Inhalte „nur theoretisch relevant" seien. Hierdurch wird besser bewältigbar, dass man nicht alles versteht, und man kann sich als einer von denen, die „mehr an Praxis als an Theorie interessiert sind" definieren. Dann werden auch Noten nicht mehr so wichtig, auch wenn man das Studium schon „durchziehen" will, denn den Abschluss, den braucht man schon – für den Einstieg ins Berufsleben. Solche Erzählungen („Narrative") kreieren eine Identität, eventuell lösen sie eine andere Identität ab. Oft gibt es ein Wechselspiel von Identitätsverlust und Wiederherstellung einer Identität beim Übergang in eine neue Organisation (Conroy & O'Leary-Kelly, 2014). Sinnstiftung durch Narrative bezieht sich sowohl auf die Vergangenheit („who I was") als auch auf die neue Situation („who I will be now").

Aus einer Stressperspektive lassen sich vier Belastungsfaktoren für neue Mitarbeiter unterscheiden (siehe Abbildung 8): Neben der bereits erwähnten Verunsicherung und den Erwartungsenttäuschungen sind dies interpersonelle Belastungen und Belastungen aus der Arbeit (Ellis et al., 2015). Hier sollen keineswegs alle prinzipiell denkbaren Stressoren aufgezählt werden, sondern nur diejenigen, die mit dem Neulingsstatus zu tun haben. Hierzu zählt beispielsweise das Lebensalter, zu dem anzumerken ist, dass Jugendliche und junge Erwachsene überdurchschnittlich oft Opfer von Mobbing werden (Meschkutat, Stackelbeck & Langenhoff, 2002), oder die einfache Kündbarkeit während der Probezeit, was eine erhöhte Arbeitsplatzunsicherheit bedeutet. Oft gehört man zu Beginn noch nicht dazu, hat also einen marginalen sozialen Status, wird schlechter bezahlt oder es werden weniger anspruchsvolle Aufgaben übertragen.

Man kann nun im Wesentlichen zwei Dinge tun, wenn man sich der Stressoren bewusst ist: Zum einen kann man versuchen, diese Belastungsfaktoren erst gar nicht entstehen zu lassen. Zum anderen kann man bei gegebenen Belastungsfaktoren danach fragen, was bei deren Bewältigung helfen könnte. Im Wesentlichen kommen zwei Bündel von Ressourcen infrage, solche in der Situation und solche in der Person. Wichtige situationsbezogene Ressourcen sind der Handlungsspielraum, die Partizipation und die soziale Unterstützung, während zu den personenbezogenen Ressourcen insbesondere körperliche und seelische Gesundheit, Optimismus, Qualifikation und Können zählen. Soziale Unterstützung findet beispielsweise durch die Führungskraft oder Kolleginnen und Kollegen statt.

Der *Handlungsspielraum* von Neulingen ist zunächst eingeschränkt bzw. es besteht zu Beginn oft Unklarheit darüber, wie groß dieser Spielraum tatsächlich ist und worin er genau besteht. Daher erleben die Neulinge zunächst wenig Kontrolle über ihre Situation und reagieren eher, als dass sie schon agieren könnten. Eine Möglichkeit seitens der Vorgesetzten und anderen Beschäftigten, diese Unsicherheit zu reduzieren, besteht einfach darin, sich für den individuellen Integrationsprozess zu interessieren und aktiv nachzufragen. Hiermit ist kein floskelhaftes „Und ... schon eingelebt?", gemeint, sondern regelmäßige Treffen, bei denen die Vorgesetzten sich dafür interessieren, wie z. B. eine neue Mitarbeiterin die Anfangsphase erlebt, was ihr Schwierigkeiten bereitet und was ihr helfen könnte. Das Angebot, sich in einem Gespräch äußern zu können, ist eine Möglichkeit, der neuen Mitarbeiterin ein wenig Kontrolle zu übertragen, indem sie sich hier Gehör verschaffen kann und sich Gestaltungsspielräume eröffnen können.

Das *Können* (Fertigkeiten und Wissen) hat gleich vier wichtige Funktionen im Stressgeschehen (siehe Kasten).

Fertigkeiten und Wissen im Stressgeschehen

1. *Können erfordert vorausgehend Lernprozesse.* Wenn diese nicht gut organisiert sind oder dem Individuum basale Voraussetzungen fehlen, ist die Notwendigkeit, ein bestimmtes Niveau zu erreichen, ebenso ein Belastungsfaktor wie das fehlende Können, etwa, weil man negatives Feedback erhält oder eine Situation als wenig kontrollierbar erlebt.
2. *Können ist eine Ressource.* Wird man mit bestimmten Anforderungen konfrontiert, dann werden diese nur dann als psychisch beanspruchend erlebt, wenn man zu wenig von dieser Ressource hat. Wer für seine Führungskraft eine schöne Präsentation kreieren soll, das dafür benötigte Programm aber nicht beherrscht, für den ist diese Aufgabe eine Belastung.
3. *Können ist die Bedingung dafür, andere Ressourcen sich entfalten zu lassen.* Der erwähnte Handlungsspielraum kann beispielsweise eine weitere wichtige Ressource sein, allerdings nur dann, wenn die Personen auch über das Können verfügen, entsprechende Freiräume zu nutzen.
4. *Können kann schließlich sogar für das Entstehen von neuen Belastungsfaktoren verantwortlich sein, wenn die Personen zusätzliche Aufgaben übertragen bekommen.* Bereits Benjamin Franklin soll empfohlen haben: „If you want something done, ask a busy person". Dies kann allerdings auch eine Erklärung dafür sein, dass sich manche Stressoren (z. B. Zeitdruck) oft weniger negativ auswirken als andere.

Zusammengefasst können verschiedene Stressoren bei der Integration neuer Mitarbeiterinnen und Mitarbeiter auftreten. Man kann versuchen, diese unmittelbar abzubauen, oder man kann die Ressourcen beachten und stärken. Manche Stressoren sind allerdings kaum vermeidbar, sie gehören zum Wesen des Onboardings. Dies betrifft das Erleben von Fremdheit, Unverständnis oder Diskrepanzen zwischen dem, was man kann, und dem, was man (durch Lernen) erreichen soll.

2.6 Zwischenfazit

In diesem Kapitel wurde gezeigt, dass es verschiedene Kriterien gibt, an denen man die erfolgreiche Integration erkennen kann. Nun könnte man es sich einfach machen und sagen, dass man bei der Planung eines Integrationsprogramms alle diese Zielkriterien heranziehen sollte. Dies wäre allerdings aus folgenden Gründen nicht zu empfehlen:

1. Einzelne Maßnahmen sind nicht immer dafür geeignet, alle Ziele gleichrangig zu bedienen. Bei begrenzten Ressourcen muss man sich daher für eine Auswahl entscheiden.
2. Die Relevanz einzelner Kriterien hängt von der jeweiligen Situation ab. So sind Umstände denkbar, unter denen z. B. hohes Commitment kein geeignetes Ziel ist, etwa, wenn für die Organisation eine Trennung von leistungsschwachen Mitarbeitern aufgrund des hohen Commitments der Mitarbeiter schwierig ist und nur wenige Mitarbeiter die Leistungsziele erreichen.
3. Abhängig von bestimmten Arbeitsplatzmerkmalen spielen die Kriterien eine unterschiedlich große Rolle. Beispielsweise dürften bei komplexen Tätigkeiten Lernprozesse bedeutsam sein, während bei personenbezogenen Dienstleistungen soziale Stressoren (z. B. Konflikte mit Klientinnen und Klienten) Aufmerksamkeit erfordern.

Bevor man also Maßnahmen zur Integration bzw. zum Onboarding ergreift, ist somit zuerst zu fragen, ob im konkreten Fall überhaupt ein Bedarf besteht und welche Ziele damit verfolgt werden sollen. Daher werden nun im nächsten Kapitel die Bedarfsanalyse und entsprechende Handlungsempfehlungen betrachtet.

3 Analyse und Handlungsempfehlungen

In Kapitel 2 wurden fünf allgemeine Ziele bzw. Zielkriterien des Onboardings vorgestellt. Im Prozess der Planung konkreter Onboarding-Maßnahmen für eine Organisation stellt sich nun die Frage, wie wichtig diese Kriterien sind und wie intensiv entsprechende Maßnahmen zum Einsatz kommen sollten, um das Erreichen eben dieser Zielkriterien zu gewährleisten. Im Folgenden soll eine Vorgehensweise erläutert werden, die davon ausgeht, dass das Onboarding ein Bestandteil der Personalentwicklung ist.

Alle Maßnahmen der Personalentwicklung sollten bedarfsanalytisch fundiert sein. Diese Bedarfsanalyse soll sicherstellen, dass

- die konkreten Maßnahmen mit der Organisationsstrategie kompatibel sind, diese im Idealfall sogar unterstützen (Solga, Ryschka & Mattenklott, 2011),
- ausreichende Ressourcen zur Verfügung stehen,
- die Merkmale des Arbeitsplatzes analysiert und insbesondere die zu erledigenden Aufgaben dann auch (besser) bewältigt werden und
- die Qualifikationen und Kompetenzen, aber auch Interessen und Werthaltungen der Beschäftigten berücksichtigt, aber auch im Sinne von Organisation und Individuum weiterentwickelt werden.

Beispielsweise sollte man Mentoring (siehe Abschnitt 4.7) eher dann einführen, wenn eine längerfristige individuelle Förderung von neuen Mitarbeiterinnen und Mitarbeitern mit dem Ziel der Besetzung exponierter Positionen in der Organisation überhaupt beabsichtigt wird, Personen als Mentoren mit entsprechender Erfahrung und zeitlichen Möglichkeiten zur Verfügung stehen, bereits die Erledigung aktueller Aufgaben am Arbeitsplatz gefördert wird und die geförderten Personen überhaupt entsprechende Karriereambitionen haben.

3.1 Bedarfsanalyse

Eine *Bedarfsanalyse* gliedert sich in drei Teile, die Organisationsanalyse, in der die Ziele der Organisation sowie die vorhandenen Ressourcen zur Erreichung dieser Ziele systematisch analysiert werden, die Aufgabenanalyse, die die Aufgaben der jeweiligen Position und die damit einhergehenden Anforderungen betrachtet und die Personanalyse, in der die individuellen Merkmale und Voraussetzungen der Mitarbeiterinnen und Mitarbeiter bestimmt werden. Zentrale Fragestellungen der Bedarfsanalyse fasst Tabelle 2 zusammen.

Im Unterschied zum üblichen Verständnis von Bedarfsanalyse in anderen Teilbereichen der Personalentwicklung, das vor allem den Vergleich der Anforderungen einer Tätigkeit mit den vorhandenen personellen Kompetenzen fokussiert, beto-

Tabelle 2: Zentrale Fragestellungen der Bedarfsanalyse

Analyseebene	Typische Fragestellungen
Organisation	• Welche Strategie hat die Organisation? • Welche Kompetenzen werden für das Erreichen der gegenwärtigen und zukünftigen Organisationsziele benötigt? • Welche Ressourcen stehen zur Verfügung? • Was tun die wichtigsten Wettbewerber?
Aufgabe	• Welche Aufgaben bzw. Tätigkeiten müssen bewältigt werden? • Welche Anforderungen stellt die Aufgabenbewältigung an die Beschäftigten?
Person	• Welche Kompetenzen, Interessen und Bedürfnisse sind bei neuen Mitarbeiterinnen und Mitarbeitern vorhanden? • Welche Entwicklungspotenziale sind für die Bewältigung zukünftiger Aufgaben vorhanden? • Wie sind Lernmotivation und Anstrengungsbereitschaft ausgeprägt?

nen wir, dass organisationalen Rahmenbedingungen und individuellen Voraussetzungen ein breiterer Raum zuzugestehen ist.

Zur Organisationsanalyse gehört es nicht nur, sich die Ziele der Organisation zu vergegenwärtigen, sondern auch die eigene Ressourcensituation zu kennen und die Umgebung der Organisation zu berücksichtigen. Beispielsweise kann es eine Zielvorstellung sein, Beschäftigte langfristig zu binden, man kann aber auch einen häufigeren Wechsel anstreben, sei es, um eine Wettbewerbsorientierung zu pflegen, oder sei es auch primär, weil man sich hierdurch Innovationen verspricht. Eine ausführliche Einführungsmaßnahme erfordert zeitliche und finanzielle Ressourcen, die eine Organisation erst einmal haben muss, und in manchen Fällen mag eine bestimmte Maßnahme auch einfach dadurch motiviert sein, dass vergleichbare andere Organisationen diese auch realisieren. Beispielsweise haben in der Vergangenheit viele Organisationen einfach deshalb Trainee-Programme oder Mentoring eingeführt, weil es andere Organisationen auch getan haben.

In einem nächsten Schritt müssen nun die Analyseergebnisse mit den fünf Zielkriterien verknüpft werden. Tabelle 3 zeigt einen Vorschlag mit entsprechenden Leitfragen in den einzelnen Zellen. Diese Leitfragen können als Grundlage für die Planung von Onboarding-Maßnahmen verwendet werden. Für die fünf Zielkriterien sollten nun entsprechende Fragen auf den Ebenen Aufgabe, Person und Organisation gestellt werden. Diese Fragen sind aber nur beispielhaft. Dabei kann man davon ausgehen, dass sie für verschiedene Tätigkeiten bzw. Zielpositionen unterschiedlich aussehen können. Sie werden auch nicht immer Konsequenzen für das Onboarding haben. In manchen Fällen wird es stattdessen Konsequenzen für den Personalauswahlprozess geben oder zu organisatorischen Vorkehrungen führen. Wenn sich beispielsweise zeigt, dass bestimmte Belastungsfaktoren (z. B. Zeitdruck) an einem Arbeitsplatz auftreten, dann sollte dies zuerst einmal zu Arbeitsgestaltungsmaßnahmen führen (Umorganisation, bessere Planung, mehr Personal einstellen etc.) und erst in zweiter Linie zur Schlussfolgerung, dass man im Rahmen des Onboardings die Widerstandskraft („Resilienz") der neuen Mitarbeiterinnen und Mitarbeiter fördern sollte.

Tabelle 3: Zielkriterien und beispielhafte Fragen zur Bedarfsanalyse

	Organisation	Aufgabe	Person
Sicherheit und Compliance	Ist das Geschäftsfeld anfällig für Unregelmäßigkeiten (z. B. Bauunternehmen), ist das Umfeld des Arbeitsplatzes risikobehaftet (z. B. Arbeit in einem Hochrisikoland)?	Bestehen Gesundheitsrisiken? Existiert hohe Fehleranfälligkeit beim Erledigen der Aufgaben? Gibt es rechtliche Risiken, falls strikte Regeln nicht eingehalten werden?	Fehlen Kenntnisse, um Unfälle zu vermeiden? Weisen Bewerber sicherheits- oder unfallkritische Merkmale auf?
Kenntnisse und Fertigkeiten	Gibt es eine hohe Veränderungsgeschwindigkeit bei Produkten und Prozessen?	Erfordern ständige Veränderungen kontinuierliches Lernen?	Haben Personen oft Lernschwierigkeiten? Fehlen fachliche und soziale Kompetenzen?
Passung und Commitment	Hat die Organisation klare (bekannte, glaubwürdige) Werte? Gibt es etwas Greifbares, worauf Neulinge stolz sein können (Aktivitäten, Produkte, Persönlichkeiten)?	Erkennt man an der eigenen Aufgabe, für welche Organisation man arbeitet?	Passen die Werthaltungen der Beschäftigten zu denen der Organisation? Gibt es eine Neigung, eine Bindung zur Organisation zu entwickeln?
Rolle und Identität	Erwartet die Organisation, dass der Einzelne persönliche Interessen und Werte zurückstellt?	Gibt es Aufgaben, die mit der „Profession" in Konflikt geraten können?	Können individuelle Werthaltungen zu Konfliktquellen werden? Haben die Neulinge einen „Wunschberuf"?
Stressprävention und -bewältigung	Existieren erhebliche organisationale Stressoren (Arbeitszeiten, Schichtdienst)?	Gibt es gewichtige Stressoren in der Tätigkeit? Existieren Ressourcen am Arbeitsplatz oder im Umfeld des Arbeitsplatzes?	Gibt es personale Ressourcen oder müssen diese entwickelt werden?

Natürlich sind nicht alle Zielkriterien und damit alle Fragen gleich wichtig. Wenn es zum Beispiel darum geht, Jugendliche an einen Ausbildungsplatz zu „gewöhnen“, stehen vermutlich Fragen des Lernens, der Arbeitssicherheit und der Stressbewältigung im Vordergrund. Gleichwohl muss man sich klar darüber sein, dass für viele der Beruf zunächst einmal wichtiger sein dürfte als die Frage, bei *welchem* Arbeitgeber die Lehre absolviert wird. Hat die Organisation aber Interesse daran, solche Jugendliche längerfristig zu binden, wäre ein geringes Commitment ein Problem, dessen Entwicklung also eine Aufgabe für das längerfristige Onboarding. Für berufserfahrene Fach- und Führungskräfte könnte die erlebte „Passung“ zur Organisation hingegen dahingehend eine Herausforderung sein, dass sie zunächst einmal „alte“ Regeln und Gewohnheiten verlernen müssen.

Es gibt vielfältige Informationsquellen zur Planung von Programmen zum Onboarding (siehe Tabelle 4). Diese liefern teilweise bereits konkrete Daten, teilweise sind sie aber auch lediglich Methoden, um an spezifische Daten zu gelangen.

Tabelle 4: Informationsquellen als Grundlagen für Onboarding-Maßnahmen

Informationsquellen bzw. Erhebungsmethoden	Beispielhafte Inhalte bzw. Ergebnisse, die das Onboarding beeinflussen können
Analyse von Dokumenten	Arbeitsplatzbeschreibungen, Gefährdungsanalysen, Kündigungsgründe in Arbeitszeugnissen, „word of mouse“, Organisationsleitbild
Analyse und/oder Erstellung von Statistiken	Ausbildungsabbrüche, Fluktuationsquoten, Fehlzeiten, Unfälle
Befragung von Schlüsselpersonen und Experten	Interviews mit Ausbildern, Berufsschullehrern
Beobachtungen, Analyse von Interaktionen	Beobachtungen von Begegnungen mit Kunden/Klienten, Aktivitäten von Wettbewerbern
Gruppengespräche	Interviews mit Auszubildenden oder mit Trainees
Befragungen von Beschäftigten	Fragen zu Erwartungsenttäuschungen, psychologischen Kontrakten, Commitment, Image der Organisation, Führungsverhalten
Befragungen von potenziellen Bewerberinnen und Bewerbern	Befragungen von Studierenden zu Image, Bekanntheit, Bewerbungsbereitschaft, Werthaltungen, Erwartungen an Arbeitgeber

Beispielsweise können bereits vorliegende Dokumente herangezogen werden. Aus der gesetzlich vorgeschriebenen Gefährdungsanalyse können sich Hinweise zur Sicherheitsunterweisung ergeben, oder Kommentare im Web über die Organisation („word of mouse“) können in Einzelfällen nützliche Informationen über Stärken und Schwächen des bisherigen Onboardings liefern. Natürlich sollte idealerweise das Onboarding auf der Grundlage solider Daten konzipiert und evaluiert werden, etwa mithilfe regelmäßiger Befragungen unter potenziellen Bewerberinnen und Bewerbern und Neulingen, aber Tabelle 4 soll verdeutlichen, dass manchmal auch Datenquellen, die mit wenig Aufwand zugänglich sind, wertvolle Anregungen geben können.

3.2 Aktivitäten und Maßnahmen

Ausgehend von der Analyse der spezifischen Aufgaben, persönlichen Voraussetzungen und Präferenzen, aber auch der organisationalen Ziele, Möglichkeiten und Erfordernisse, können für das Onboarding ganz verschiedene Zielkriterien eine Rolle spielen. Diese zu erreichen, kann also manchmal dringend erforderlich, in anderen Fällen trivial erreichbar und in wiederum anderen unnötig oder sogar kontraindiziert sein. Einem 16-jährigen Auszubildenden muss man beibringen, was genau Pünktlichkeit bedeutet, einer Führungskraft wohl nicht. Sind dafür aber nun immer gleich systematische Maßnahmen und sogar „Programme" für das Onboarding erforderlich? Die Antwort lautet, dass dies natürlich nicht immer der Fall ist. Manchmal wird man darauf setzen können, dass sich die Neulinge selbst um ihr „Onboarding" kümmern, auf deren „gesunden Menschenverstand", eine gewisse „Reife" oder auf „Proaktivität" setzen. Ein sehr traditionelles Vorgehen besteht auch darin, die Integration den Vorgesetzten zu überlassen. Worin die erforderlichen Aktivitäten auch immer bestehen mögen, sie können alle von den Vorgesetzten veranlasst und durchgeführt werden. Tabelle 5 zeigt nochmals die fünf Zielkriterien sowie exemplarische Aktivitäten, wie sie in Kapitel 2 bereits vorgestellt wurden.

Verschiedene weitere Methoden und Maßnahmen können nun die Integration durch die Vorgesetzten ergänzen, unterstützen und teilweise auch ersetzen. Diese werden in der dritten Spalte genannt und im nächsten Kapitel erläutert. Wenn man sich in Erinnerung behält, welche Ziele das Onboarding hat, dann hilft dies, die generelle Wirksamkeit dieser Maßnahmen abzuschätzen, vor allem aber die konkrete Ausgestaltung herzuleiten. In Tabelle 5 wurde eine vereinfachende Zuordnung vorgenommen, konkrete Ausgestaltungen bestimmter Maßnahmen könnten bedeuten, dass diese mehrere Ziele bedienen sollen – ob sie das auch *können,* sollte dann am besten systematisch evaluiert werden. Mit anderen Worten: Die Evaluation von Onboarding-Maßnahmen sollte sich an drei zentralen Fragen orientieren:

- *Notwendigkeit:* Welche Maßnahmen sind überhaupt nötig bzw. relevant?
- *Qualität:* Haben die Maßnahmen tatsächlich mit entsprechender Qualität stattgefunden?
- *Wirksamkeit:* Haben die Maßnahmen auch auf das beabsichtigte Ziel „eingezahlt", also in den Kriterienbereichen gewirkt, auf die sie auch wirken sollten?

Wenn im nächsten Kapitel Maßnahmen im Detail vorgestellt und beschrieben werden, sollten diese drei Fragen stets mit bedacht werden.

Tabelle 5: Onboarding – Ziele, Aktivitäten und Maßnahmen

<table>
<tr><th></th><th>Exemplarische Aktivitäten</th><th colspan="2">Onboarding-Maßnahmen (Abschnitt)</th></tr>
<tr><td>Sicherheit und Compliance</td><td>Sicherheitsunterweisung</td><td>• Einführungsprogramme (4.5)</td><td rowspan="5">Integration durch Vorgesetzte (4.3)</td></tr>
<tr><td>Kenntnisse und Fertigkeiten</td><td>Anlernen, Wissen und Orientierung vermitteln, Feedback geben</td><td>• Mentoring (4.7)
• Trainee-Programme (4.9)</td></tr>
<tr><td>Passung und Commitment</td><td>Organisationskultur erklären, transparent machen und vorleben
Die strukturelle Bindung an die Organisation verstärken</td><td>• Informelle Rekrutierungsmethoden (4.2)
• Einführungsprogramme (4.5)
• Teamentwicklung (4.10)
• Social Media (4.11)
• Monetäre Anreize (4.12)</td></tr>
<tr><td>Rolle und Identität</td><td>Rolle definieren, Erwartungen klären, Bedeutung und Grenzen von Standards bewusst machen</td><td>• Supervision (4.8)</td></tr>
<tr><td>Stressprävention und -bewältigung</td><td>Belastungen identifizieren, Stressoren reduzieren, Ressourcen aufbauen</td><td>• Realistische Tätigkeitsvorschau (4.1)
• Integration durch Teammitglieder (4.4)
• Patensysteme (4.6)
• Coaching (4.8)</td></tr>
</table>

3.3 Zwischenfazit

Die Planung und Weiterentwicklung von Onboarding-Maßnahmen kann auf unterschiedlichen Grundlagen erfolgen. Mit dem „Analyse"-Kapitel wurde ein Vorschlag gemacht, wie Maßnahmen den Zielkriterien zugeordnet werden können. Dies ist aber vor allem als Orientierungshilfe zu verstehen, denn die konkreten Maßnahmen variieren in der Praxis oft in ihrer Gestaltung oder sie werden miteinander kombiniert. So kann eine typische Einführungswoche für neue Mitarbeiterinnen und Mitarbeiter Elemente von Wissensvermittlung, Einführung in die Organisationskultur und Klärung des Rollenverständnisses enthalten. In vielen Organisationen überwiegen zudem bis heute Einzelmaßnahmen, die primär in Traditionen („das haben wir schon immer so gemacht") oder der Imitation von Wettbewerbern begründet sind.

4 Maßnahmen und Vorgehen

In diesem Kapitel sollen nun zentrale Maßnahmen des Onboardings vorgestellt werden (siehe Abbildung 9). Die meisten haben zwar, wie in Kapitel 3 dargestellt, eine Kernfunktion. Aber sie verfolgen faktisch meistens mehrere Ziele. Man könnte auch sagen, sie haben verschiedene Funktionen, etwa Wissen und Orientierung zu vermitteln, Lernen und Leistungserbringung zu fördern sowie ein Gefühl der Zugehörigkeit und Akzeptanz bzw. Wertschätzung zu signalisieren.

Abbildung 9: Onboarding-Maßnahmen

4.1 Realistische Tätigkeitsvorschau

Die Integration sollte bereits vor dem ersten Arbeitstag beginnen. In den meisten Fällen werden angehende Neulinge Erwartungen an ihre Tätigkeit haben und diese Erwartungen können somit zu Erwartungsenttäuschungen (vgl. Abschnitt 2.5) führen, gelegentlich ist auch von einem Praxisschock oder einem „Realitätsschock“

die Rede, den Neulinge erleben würden. Demnach sind falsche oder überhöhte Erwartungen für Integrationsprobleme verantwortlich zu machen. Erwartungsenttäuschungen bzw. negative Überraschungen führen dann zu geringer Arbeitszufriedenheit, reduziertem Commitment und erhöhter Fluktuationsneigung.

Phänomen: Positive Überraschungen

Die Literatur zu unerfüllten Erwartungen hat sich vor allem auf die Auswirkungen von *unter*erfüllten Erwartungen (Enttäuschungen) konzentriert. Enttäuschungen waren hier vor allem in den Bereichen „Art der Arbeitstätigkeit", „bürokratische Regeln der Organisation" und „Gestaltung der Freizeit" zu beobachten. Demgegenüber haben die in einigen wenigen Untersuchungen gefundenen positiven Überraschungen, insbesondere in den Bereichen „Freundlichkeit der Kollegen", „Umgang mit Kollegen" und „allgemeine Arbeitsatmosphäre", wenig Aufmerksamkeit erfahren (Galais & Moser, 2001).

Die Konsequenz hieraus ist, den Rekrutierungsprozess so zu gestalten, dass vor Beginn des ersten Arbeitstags realistischer über die spätere Tätigkeit informiert wird und damit die Erwartungen angepasst werden können (Bauer & Erdogan, 2011). Insbesondere das Konzept der Realistischen Tätigkeitsvorschau („realistic job preview"; auch *Realistische Tätigkeitsinformation* = RTI) hat große Aufmerksamkeit erfahren (Wanous, 1992). Grundgedanke ist hierbei, das Prinzip der zweiseitigen persuasiven Kommunikation, wie es die Sozial- und Konsumentenpsychologie erforscht hat, auf den Prozess der Rekrutierung neuer Mitarbeiterinnen und Mitarbeiter zu übertragen (vgl. Crowley & Hoyer, 1994). Demnach sind bestimmte Prinzipien bei der Gestaltung einer zweiseitigen persuasiven Kommunikation zu bedenken bzw. folgende Wirkungen zu erwarten (siehe Kasten).

Prinzipien und Wirkweisen einer zweiseitigen persuasiven Kommunikation

Es sollte das Prinzip der *Inokulation* (Impfung) beachtet werden, die Dosis negativer Informationen darf also nicht zu hoch bzw. stark sein. Daher sollten negative Informationen maximal 40 % aller Argumente ausmachen, sie sollten frühzeitig, aber nicht als erste dargeboten werden, und sie sollten natürlich auch widerlegt werden, zumindest muss dies für die wichtigen Argumente gelten. Zudem sollten die angesprochenen Personen ausreichend fähig und motiviert sein, sich mit den Informationen auseinanderzusetzen, und die langfristige Wirkung sollte wichtiger sein als die kurzfristige.

Betrachtet man diese Bedingungen, dann scheinen die Umstände im Bereich des Werbens für einen Arbeitsplatz sogar besonders gut zu passen. Bisher nicht beachtet wurde allerdings, dass die zweiseitige persuasive Kommunikation dann eine stärkere Wirkung entfaltet, wenn die Angesprochenen zunächst einmal anderer Meinung sind. Diese Skepsis mag im Bereich der Werbung für Konsumgüter eher üblich sein. Ob man Vergleichbares annehmen kann, wenn sich Personen für einen Arbeitsplatz bewerben, ist im Einzelfall zu klären. Manche mögen sich beworben haben, obwohl sie skeptisch sind, während man andere nicht mehr davon überzeugen muss, ein eventuelles Angebot von ihrem „Traumarbeitgeber“ auch anzunehmen.

Beispiel: Ein Tag im Leben von ... Katrin Gruber, Gruppenleiterin Konzerncontrolling

08:30 Uhr

„Auf dem Weg zur Arbeit – normalerweise zwischen 8 und 9 Uhr – checke ich schon mal meine E-Mails und sehe, dass mein Abteilungsleiter eine dringende Anfrage unseres Vorstands zur Neugeschäftsentwicklung weitergeleitet hat. Folglich muss ich umpriorisieren und meine Zeitplanung für heute anpassen. Mit einem Café Latte und einem frisch gepressten O-Saft aus unserer Caféteria gewappnet, verschaffe ich mir am Rechner einen schnellen Überblick über die heutigen Termine, verschiebe die Teambesprechung auf 10:30 Uhr und koordiniere die Beantwortung der Frage – um 10 Uhr ist die Antwort raus.

10:30 Uhr

Die Teambesprechung steht an. Wir setzen uns alle 14 Tage zusammen und nutzen die Zeit, um aktuelle Themen zu besprechen, uns gegenseitig zu informieren und die Erledigung von Aufgaben zu koordinieren – bei der großen Themenvielfalt ein nicht immer einfaches Unterfangen. Im Moment beschäftigt uns vordringlich die Vorbereitung einer Unterlage, mit der unser Vorstand nächste Woche in ein Meeting mit unserer Hauptaktionärin, der Assicurazioni Generali gehen wird. Bei dieser Sitzung werden die Ergebnisse der Generali Deutschland Gruppe diskutiert. Da viele meiner Mitarbeiter hierzu Input liefern, besprechen wir die Aufgabenverteilung und stimmen uns ab. Insbesondere eine neue Folie zur Schadenbelastung durch Großschäden und Naturkatastrophen müssen wir noch kurzfristig entwickeln.

12:00 Uhr

Abstimmungstermin mit einem meiner Mitarbeiter. Wir gehen die Kernpunkte zur Geschäftsentwicklung und der aktuellen Hochrechnung durch und setzen Schwerpunkte für einen Termin mit dem CFO (Finanzvorstand), der nach dem Mittagessen stattfinden wird.

12:30 Uhr

Die Kollegen holen mich zum Mittagessen ab. Dies ist auch immer eine gute Gelegenheit, sich auszutauschen. Das Angebot unserer Kantine ist ziemlich abwechslungsreich und gesund. Ich mag insbesondere die Salatbar. Heute scheint der Rest der Firma den Döner essen zu wollen.

13:30 Uhr

Die Präsentation der Hochrechnung beginnt. Gemeinsam mit den Spezialisten der beteiligten Abteilungen der Holding (z. B. Finanzcontrolling und Rechnungswesen) und unserem CFO diskutieren wir die Ergebnisse, die nach den neuesten Daten für das Jahresende erwartet werden. Daraus ergeben sich neue Prüfaufträge für uns. Die Abgabe an die Assicurazioni Generali ist für Ende der Woche terminiert.

15:30 Uhr

Ich telefoniere mit den Gruppenleitern der Controlling-Abteilungen unserer Konzernunternehmen. Diese Telefonkonferenzen finden monatlich statt und sind wichtig, um sich wechselseitig zu informieren und die Konzernunternehmen bei aktuellen Themen und Entwicklungen einzubinden. Heute berichte ich z. B. über die gerade beendete Hochrechnungspräsentation. Wir besprechen die offenen Fragen und Folgeaktivitäten für die Kollegen in den Konzernunternehmen. Der regelmäßige Austausch ist ganz entscheidend für eine schnelle, effektive Zusammenarbeit innerhalb der Generali Deutschland Gruppe und ein gutes, gemeinsames Verständnis der Prioritäten und wesentlichen Aktivitäten.

16:30 Uhr

Mit einigen meiner Mitarbeiter diskutiere ich die Ergebnisse des monatlichen Controlling-Berichts. Wir überlegen, welche Key-Messages für den Vorstand wichtig sind.

17:00 Uhr

Meeting mit den internationalen Kollegen aus dem Generali Head Office in Italien. Wir überlegen, wie wir die Vernetzung der Funktionen im Controlling und im Risikomanagement zwischen Deutschland und Italien weiter verbessern können.

18:30 Uhr

Wir verlegen das Ende des Meetings ins Brauhaus. Schließlich wollen die italienischen Kollegen noch ein wenig kölsche Kultur kennenlernen ☺."

(Interview vom 17.04.2014 mit Katrin Gruber, seinerzeit Gruppenleiterin Konzerncontrolling der Generali Deutschland AG; abgerufen am 02.06.2017 unter http://karriereblog.generali-deutschland.de/2014/04/ein-tag-im-leben-von/)

Die Idee der realistischen Tätigkeitsvorschau findet sich in verschiedenen Maßnahmen und Vorgehensweisen. Broschüren, Videos oder auch die unternehmenseigene Website (siehe das Beispiel der Generali Deutschland AG) können hier Verwendung finden. Auch Begehungen des zukünftigen Arbeitsplatzes nach einem

Vorstellungsgespräch oder die Gelegenheit, im Anschluss an den formellen Teil mit zukünftigen Kolleginnen und Kollegen zu sprechen, können hierzu zählen. Noch ein anderes Beispiel ist die unmittelbare Aufnahme in den Personalauswahlprozess, entweder als Bestandteil des Interviews (siehe Kasten) oder als Arbeitsprobe.

Realistische Tätigkeitsvorschau in einem Interview

Im Rahmen eines Multimodalen Interviews sind drei Facetten einer RTI vorgesehen: (1) Ein Teil, in dem der Interviewer von sich aus über die zukünftige Arbeitstätigkeit auf eine zweiseitige Art berichtet, und der auch explizit als RTI bezeichnet wird, (2) das Angebot, dass Kandidaten selbst Fragen stellen könnten mit der Zusage, diese offen und realistisch zu beantworten und (3) die Verwendung von situativen Fragen, die mögliche kritische Situationen aus dem beruflichen Alltag beschreiben und insofern auch einen Einblick in die Tätigkeit vermitteln (Schuler & Mussel, 2016).

Auch *Arbeitsproben* vermitteln einen Einblick in die Tätigkeit, jedenfalls dann, wenn sie diese Bezeichnung verdienen. Arbeitsproben sind Stichproben beruflicher Aufgaben, die zudem auch Stichproben erfolgsrelevanten beruflichen Verhaltens erfassen sollen. Gelegentlich wird der Begriff nur für motorische Aufgaben verwendet, teilweise auch für alle Verfahren, die einen simulativen Charakter haben, dann sind z.B. auch Gruppendiskussionen oder Präsentationsaufgaben Arbeitsproben. Oft muss die Person bereits Vorerfahrung mit der Zieltätigkeit haben, z.B. eine einschlägige Berufsausbildung, was deren Einsetzbarkeit einschränkt. Insbesondere die in ihnen enthaltenen Informationen über die Arbeitsanforderungen tragen zur hohen Akzeptanz von Arbeitsproben bei (Robertson & Kandola, 1982). Nachteile sind der nicht unerhebliche Konstruktions-, Durchführungs- und Verwaltungsaufwand sowie das Risiko schneller Veraltung durch Veränderungen im Berufsbild, aber auch von anderen Gegebenheiten des Arbeitsplatzes (z.B. veränderte Kommunikationsmittel).

Auch ein Teil der Verfahren, wie sie in Assessment Centern (Kleinmann, 2013) verwendet werden, werden als Arbeitsproben bezeichnet. Hier ist allerdings zu bedenken, ob Bewerberinnen und Bewerber nicht falsche Schlussfolgerungen ziehen, wenn sie z.B. alle Details in zu bearbeitenden Szenarios wörtlich nehmen. Wer zum Beispiel im Rahmen eines Bewerbungsverfahrens zu einer Arbeitsprobe in der Form aufgefordert wird, nach kurzer Vorbereitungszeit über die Abschlussarbeit aus dem zurückliegenden Studium zu referieren, sollte nicht unbedingt davon ausgehen, dass die Organisation tatsächlich Interesse am Inhalt der Abschlussarbeit hat. Und wer im Rahmen eines sog. Postkorbs aufgefordert wird, sich in die Rolle einer Führungskraft zu versetzen, um deren diverse Probleme, die an einem Arbeitstag auftreten, zu lösen, tut auch gut daran, nicht immer davon auszugehen, dass er oder sie dann auch tatsächlich alsbald eine solche Führungsposition übernehmen wird.

Ein weiteres Beispiel für Methoden der Personalauswahl, bei denen zugleich ein weitergehender Einblick in die späteren Arbeitstätigkeiten ermöglicht wird, ist das Probearbeiten, ein in der Praxis eingeführter Begriff, der in der Forschung eigentlich nicht beachtet worden ist (siehe das Beispiel „Darum prüfe, wer sich bindet"). Es kommt allerdings dem Konzept der Arbeitsprobe recht nahe, auch wenn Probearbeiten meistens länger dauert und weniger systematisch ausgewertet wird. Es sei betont, dass das Probearbeiten nicht mit der *Probezeit* verwechselt werden sollte. In diesem Fall besteht bereits ein formales Arbeitsverhältnis, es ist allerdings während dieser Zeit von beiden Seiten vereinfacht kündbar und insofern ein Arbeitsverhältnis auf Probe.

Beispiel: Darum prüfe, wer sich bindet – Probearbeiten im Bewerbungsverfahren

Was bringt Probearbeiten?

„Der Bewerbungsprozess in der Hotellerie, Gastronomie sowie Touristik, aber auch in vielen anderen Branchen ist ähnlich: Bewerbung schreiben, ein bis zwei Vorstellungsgespräche, Probearbeiten, Zu- oder Absage! In den meisten Fällen handelt es sich bei dem Probearbeiten allerdings eher um einen „Schnuppertag" bzw. einige „Schnupperstunden". Man wird durch den Betrieb geführt, lernt die ersten möglichen Kollegen kennen, schaut den Mitarbeitern über die Schulter und bekommt eventuell kleine Aufgaben gestellt. Es handelt sich um ein *gegenseitiges Kennenlernen,* von dem *beide Seiten profitieren* sollen.

Selbstverständlich wird man beobachten, *wie du dich verhältst* und inwiefern du dich in so kurzer Zeit *ins Team einfügen* kannst. Doch vergiss nicht, dass nicht nur du auf die Probe gestellt wirst, sondern in gleicher Art und Weise auch der Arbeitgeber. Beide Parteien haben die Chance, sich von ihrer besten Seite zu zeigen und *den anderen für sich zu gewinnen.* Schließlich kann es doch sein, dass du derjenige bist, der nach dem Probearbeiten die angestrebte Stelle gar nicht mehr besetzen möchte. Man könnte den Prozess des „Beschnupperns" auch mit einer angehenden Romanze vergleichen. Denn bevor man eine Beziehung mit seinem Schwarm eingeht, datet man sich schließlich für gewöhnlich und überprüft gewissermaßen die Rahmenbedingungen. Passen wir zusammen und verfolgen wir die gleichen Interessen? So können *Fehlentscheidungen* frühzeitig vermieden werden.

Für dich heißt das Probearbeiten ganz konkret:
- Achte auf dein äußeres Erscheinungsbild
- Mache einen höflichen und freundlichen Eindruck
- Zeige dich interessiert und stelle Fragen
- Gib dir Mühe bei der Bewerkstelligung der dir zugetragenen Aufgaben

Und achte gleichzeitig auf dein Umfeld:
- Machen die Mitarbeiter einen zufriedenen/unzufriedenen Eindruck?
- Wie ist die allgemeine Stimmung?

- Wie ist der Umgangston zwischen Mitarbeitern und Führungspersonal?
- Spitze unauffällig die Ohren bei Gesprächen unter den Mitarbeitern!
- Würde dir das Arbeiten dort Spaß machen?

Natürlich kann sich jeder auf kurze Zeit verstellen. Das gilt sowohl für den Arbeitgeber als auch für den Arbeitnehmer. Aber wer die Augen offen hält und etwas Menschenkenntnis vorweisen kann, erkennt schnell, ob einem der Traumarbeitsplatz nur vorgegaukelt wird.

Rechtliche Bestimmung zum Probearbeiten

Häufig findet das Probearbeiten an einem einzigen Tag oder in wenigen Stunden statt. Man lernt sein zukünftiges Arbeitsumfeld kennen und bekommt möglicherweise kleine Tätigkeiten zugeteilt. Nichts Wildes, eben bloß ein kleiner Test, wie du mit dem Computerprogramm, den Gästen oder den Kollegen klarkommst. Nach einigen Stunden verlässt du das Unternehmen und wartest gespannt auf das positive Feedback. Jedenfalls wenn es dir gefallen hat und du immer noch Interesse an der Stelle hast. Soweit so gut, denn Ausnahmen bestätigen die Regel. Das Landesarbeitsgericht Schleswig-Holstein hat beschlossen, wenn das Arbeiten zur Probe über das kurze Kennenlernen hinausgeht und womöglich verantwortungsvollere Aufgaben über mehrere Tage zu erledigen sind, ist diese Arbeitszeit entsprechend zu entlohnen. Scheue dich also nicht, dich in diesem Falle nach einer Vergütung zu erkundigen."

Quelle: http://blog.hotelcareer.de/probearbeiten-tipps/
(abgerufen am 02.06.2017)

Realistisch über die zukünftige Arbeitstätigkeit zu informieren, sollte zu geringerem Realitätsschock, höherer Arbeitszufriedenheit und geringerer Fluktuation führen. Wenn die vorliegenden Studien metaanalytisch zusammengefasst werden, dann zeigt sich, dass die Effekte der realistischen Tätigkeitsvorschau zwar nur gering sind, aber in die erwartete Richtung gehen (Premack & Wanous, 1985). Eine etwas optimistischere Sichtweise ergibt sich aus späteren Reanalysen der Forschung zur realistischen Tätigkeitsvorschau. Phillips (1998) fand beispielsweise, dass verbale RTIs den stärksten Effekt auf die Fluktuation, Video-RTIs aber den stärksten Effekt auf die spätere berufliche Leistung haben. Es lässt sich mutmaßen, dass im ersteren Fall eher affektive Prozesse (z. B. Regulierung von Erwartungen) angesprochen werden, während im letzteren Fall auch eine Verhaltensmodellierung stattfindet. Welche genauen Effekte von einer RTI zu erwarten sein sollten, hängt auch von den jeweiligen Tätigkeiten und Erfordernissen ab. Barksdale, Bellenger, Boles und Brashear (2003) fanden, dass neue Versicherungsagenten, die berichteten eine RTI erhalten zu haben, die zu Beginn ihrer neuen Tätigkeiten durchgeführten Trainingsmaßnahmen besser bewerteten. Hier liegt die Vermutung nahe, dass sie einen klareren Bezug der Trainingsmaßnahmen zu den erwarteten beruflichen Anforderungen erkannten.

Möglicherweise wird die Möglichkeit, Erwartungen einfach reduzieren zu können, überschätzt. Denn Erwartungen gehen auch auf Wünsche und persönliche Werthaltungen zurück. Damit würden sich dann nach einer RTI zwar realistischere Erwartungen ergeben, die Erkenntnis für das Individuum, dass die eigenen Wünsche und Werthaltungen nicht erfüllbar sind, müsste aber zu einer kritischen Haltung gegenüber der Organisation führen. Zudem gibt es kontroverse Auffassungen zur Frage, wie denn eigentlich Erwartungsenttäuschungen gemessen werden sollten (Moser, 2005). So wird gelegentlich der Verdacht geäußert, dass berichtete Erwartungsenttäuschungen nichts Anderes seien als eine andere Art der Messung von Arbeitszufriedenheit.

Bisher nicht angesprochen wurde die Idee der Selbstselektion. Tatsächlich wird diese im angeführten Beispiel des Probearbeitens erwähnt: Die realistische(re) Information wird bzw. kann auch dazu führen, dass sich Bewerberinnen und Bewerber von sich aus entscheiden, das Stellenangebot nicht anzunehmen. Solch ein Effekt ist dann erwünscht, wenn die Arbeitsprobe verdeutlicht, dass die Leistungsanforderungen zu hoch sind, die Art der Tätigkeit nicht mit den eigenen Werthaltungen übereinstimmt oder die Präferenzen (z.B. hinsichtlich Arbeitszeiten, Intensität von Kundenkontakt, Flexibilität usw.) nicht zu den Erwartungen des Arbeitgebers passen. Solche Effekte sind hingegen dann problematisch, wenn die Bewerberinnen und Bewerber nicht ausreichend berücksichtigen, dass sich ihre Leistungsfähigkeit, ihre Werthaltungen und Präferenzen noch entwickeln werden oder wenn sie generell nicht besonders gut einschätzen können, wie ihre Reaktionen auf Anforderungen und Ereignisse bei der Arbeit sein werden.

Die Annahme, dass Bewerberinnen und Bewerber ihre zukünftigen Emotionen bei der Arbeit nicht besonders gut vorhersagen können und insbesondere die Intensität und Dauer negativer Emotionen überschätzen, ergibt sich aus der Forschung über die Vorhersage von Affekten (siehe u.a. Cotet & David, 2016). Wenn also durch eine RTI vermittelt wird, dass es auch schwierige Situationen bei der zukünftigen Tätigkeit geben wird, provoziert dies dann übertriebene Befürchtungen oder antizipierte Unzufriedenheit? Vor diesem Hintergrund stellt sich die Frage, ob denn eine RTI nicht zu einer ungewollten Abschreckung führt. Zwei Argumente können dieser Befürchtung entgegengehalten werden. Zum einen wurde in einer neueren metaanalytischen Studie (Earnest, Allen & Landis, 2011) gezeigt, dass die Realistische Tätigkeitsvorschau als Signal für Ehrlichkeit des Arbeitgebers wirkt. Zum zweiten kann die Tätigkeit auch als besonders herausfordernd wahrgenommen werden (Thorsteinsson, Palmer, Wulff & Anderson, 2004). In der betreffenden Studie wurde unter der realistischen Bedingung unter anderem beschrieben, dass starker Zeitdruck bestehe oder dass man gelegentlich schwierige Kunden und Kollegen habe.

Zusammenfassend kann die Realistische Tätigkeitsinformation einen gewissen, aber eben bescheidenen, Beitrag zum Onboarding leisten. Nennenswerte Abschreckungseffekte sind bisher nicht gefunden worden. Dass die positiven Effekte nicht erheblicher sind, könnte allerdings auch etwas damit zu tun haben, dass die Entstehung von Erwartungsenttäuschungen noch nicht umfassend erklärbar ist. Tatsächlich nämlich werden Argumente weitgehend ignoriert, wonach es eine gewisse Unvermeidbarkeit von Überraschungen beim Eintritt in Organisationen gibt (Louis, 1980; siehe Abschnitt 2.5).

4.2 Informelle Rekrutierungsmethoden

Die erfolgreiche Rekrutierung von Mitarbeiterinnen und Mitarbeitern ist eine Aufgabe des Human Resource Managements, um das Überleben und den Erfolg der Organisation in einer dynamischen Umwelt zu ermöglichen. Organisationen nutzen sehr unterschiedliche Rekrutierungswege, um geeignete Mitarbeiterinnen und Mitarbeiter zu finden. Die Wahl der Rekrutierungswege kann bereits ein erster Beitrag zur Integration neuer Mitarbeiterinnen und Mitarbeiter sein, sei es, dass sich diese dann leichter integrieren lassen, oder sei es, dass der Rekrutierungsweg selbst bereits eine Integrationsmaßnahme darstellt (siehe das Beispiel im Kasten).

Beispiel: Rekrutierung von Hochschulabsolventen durch die Vergabe von Abschlussarbeiten

Für Organisationen kann die Vergabe von Themen für Abschlussarbeiten (z. B. Masterarbeiten) gleich mehrere Funktionen haben. Sie versprechen sich neue Erkenntnisse über den Untersuchungsgegenstand, sie nutzen die Betreuungssituation als Arbeitsprobe und sie setzen darauf, dass über diesen Weg rekrutierte Neulinge die Organisation bereits kennengelernt haben. Die Vergabe von Abschlussarbeiten kann somit also auch ein „informeller Rekrutierungsweg“ sein.

Grundsätzlich kann man zwischen formellen und informellen Rekrutierungswegen unterscheiden (siehe Abbildung 10). Unter informellen Rekrutierungswegen lassen sich alle Methoden zusammenfassen, die sich sozialer Beziehungen bedienen (z. B. Empfehlungen durch andere Beschäftigte im Unternehmen, Nutzung bestehender persönlicher Kontakte). Im Unterschied hierzu werden bei formellen Rekrutierungswegen vermittelnde Medien oder Institutionen (Marsden, 1994) genutzt, indem beispielsweise Anzeigen in Zeitungen oder Stellenbörsen geschaltet oder über die Bundesagentur für Arbeit bzw. Personaldienstleister gesucht wird. Der Einsatz verschiedener formeller und informeller Rekrutierungswege bzw. -strategien ist durchaus geläufig; Organisationen suchen oft gleichzeitig auf verschiedenen Wegen. Einer Studie des Instituts für Arbeitsmarkt- und Berufsforschung (IAB) zufolge nutzen große Organisationen im Durchschnitt 3,2 und selbst Kleinstbetriebe immerhin 2 Suchwege pro Neueinstellung (Dietz, Röttger & Szameitat, 2011).

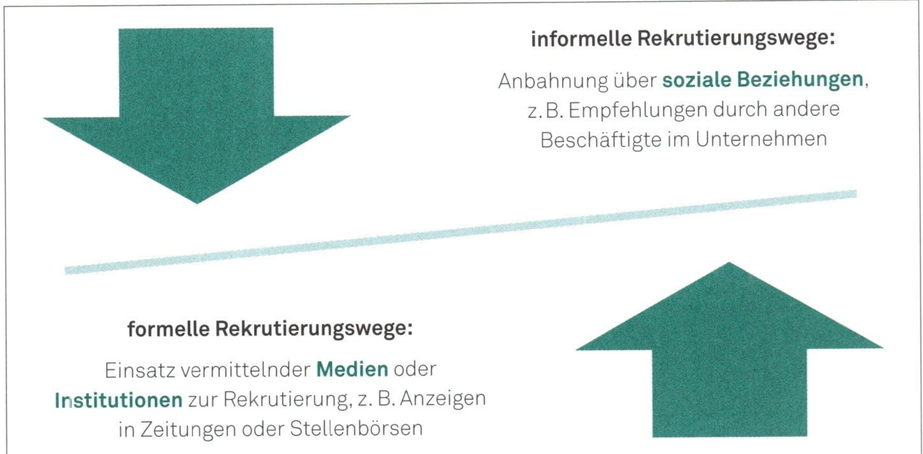

Abbildung 10: Formelle und informelle Rekrutierungswege (in Anlehnung an Marsden, 1994)

Der Begriff der informellen *Rekrutierung* scheint zwar darauf zu verweisen, dass die Initiative von der Organisation ausgeht, aber auch die Akzeptanz und die Nutzung von informellen Kontaktaufnahmen, die von den Bewerberinnen und Bewerbern initiiert werden, sind Bestandteil der informellen Rekrutierung (Benton, McDonald, Manzoni & Warner, 2015). Grundsätzlich scheint die informelle „beziehungsbasierte“ Rekrutierung weit verbreitet zu sein, weil sie meist schneller und kostengünstiger als die formelle ist (Granovetter, 1995). Laut einer IAB-Studie stellt die Nutzung von persönlichen Kontakten die am zweithäufigsten gewählte Suchstrategie dar, an erster Stelle steht die Veröffentlichung von Stellenanzeigen auf der Unternehmenshomepage. Der Studie zufolge waren „persönliche Kontakte bzw. Empfehlungen eigener Mitarbeiter“ mit knapp 30 % der häufigste Besetzungsweg (Brenzel et al., 2016, S. 2). Die „Ausbeute“ im Sinne einer erfolgten Stellenbesetzung war bei formellen Suchwegen deutlich geringer. Die Autoren schlussfolgern aus ihren Befunden, dass persönliche Kontakte und Empfehlungen seitens der eigenen Mitarbeiter die erfolgreichsten Wege bei der Stellenbesetzung sind. Persönliche Netzwerke stellen somit für Organisationen und Stellensuchende eine sehr wichtige Ressource dar.

Die Nutzung informeller Rekrutierungswege nimmt mit steigendem Qualifikationsniveau deutlich ab – Akademikerinnen und Akademiker nutzen eher Internet-Jobbörsen. Informelle Rekrutierungswege scheinen insbesondere im Bereich von geringer qualifiziertem Personal relevant zu sein (Brenzel et al., 2016). Andererseits wird der informelle Rekrutierungsweg wiederum bei besonders zentralen Positionen in der Organisation genutzt, deren Besetzung ein hohes Maß an Diskretion erfordert (Gërxhani & Koster, 2015). Informelle Rekrutierungswege scheinen somit einerseits bei nachrangigen Arbeitsstellen und anderseits für besonders wichtige Positionen in der Organisation beschritten zu werden. Möglicherweise liegt hierin auch eine Ursache für die widersprüchlichen Befunde bezüglich der Rolle des Rekrutierungswegs für die Höhe der Bezahlung der neuen Mitarbeiterinnen und Mitarbeiter. Es gibt Befunde, wonach informell rekrutierte Mitarbeiterinnen und Mitarbeiter durchschnittlich weniger verdienen, aber es gibt auch gegenteilige Ergebnisse (Tumen, 2015).

Welche Rekrutierungsart gewählt wird, hängt auch von der Bewerberlage ab, der die Organisation gegenübersteht. Kleine und mittelständische Unternehmen sind hier im Nachteil gegenüber großen Unternehmen. Sie sind zum einen weniger sichtbar und grundsätzlich weniger attraktiv für Bewerberinnen und Bewerber und verfügen außerdem nur selten über die finanziellen und personellen Mittel für eine professionelle Personalauswahl (Carroll, Marchington, Earnshaw & Taylor, 1999). Auch für Deutschland zeigte sich, dass kleinere Betriebe häufiger informell suchen als größere (Bossler, Kubis & Moczall, 2017). Dies gilt in besonders hohem Maße für Kleinstbetriebe, bei denen jede zweite Stelle über persönliche Kontakte besetzt wird (Dietz et al., 2011).

Betrachtet man den Einfluss der Branche auf die Rekrutierungsstrategie, so zeigt sich, dass im öffentlichen Dienst seltener ein informeller Suchweg eingeschlagen wird als bei Unternehmen der freien Wirtschaft (Mencken & Winfield, 1998). Es erklärt sich von selbst, dass die Nutzung persönlicher Kontakte, die quasi an formellen Rekrutierungswegen vorbeilaufen, einen Beigeschmack von fehlender Professionalität haben und den Beteiligten Partikularinteressen bei der Bewerberauswahl unterstellt werden könnten. Dies heißt aber natürlich nicht, dass persönliche Kontakte und Beziehungen hier überhaupt keine Rolle spielen würden. Parallel zum formellen Rekrutierungsprozess kann es durchaus zur Weitergabe von Insiderwissen und nützlichen Ratschläge von Beschäftigten an Freunde, Bekannte oder an Personen, deren Chancen sie verbessern möchten, kommen.

Wie effektiv sind nun aber die verschiedenen Rekrutierungswege? Hierbei ist es nicht nur von Interesse, inwiefern der gewählte Rekrutierungsweg den bestmöglichen Zugang zu geeigneten Mitarbeiterinnen und Mitarbeitern darstellt, sondern auch, welchen Einfluss der jeweilige Rekrutierungsweg auf den Integrationserfolg hat. Es geht also um die Frage, inwiefern sich der Rekrutierungsweg auf die zukünftige Zufriedenheit, das organisationale Commitment und die Fluktuation(sneigung) auswirkt (Moser, 2005).

Insgesamt scheint die Passung der ausgewählten Neulinge zu den Stellenanforderungen bei informellen Rekrutierungswegen hoch zu sein (Kirnan, Farley & Geisinger, 1989). Dies erklärt sich dadurch, dass bei informellen Rekrutierungswegen sowohl Selbst- als auch Fremdselektionseffekte wirksam werden. Da die potenziellen Bewerberinnen und Bewerber mehr Insider-Informationen über die Organisation und die Arbeitsstelle haben, können sie diese vorab mit ihren Vorstellungen und Einstellungen abgleichen und gegebenenfalls Abstand von einer Bewerbung nehmen. Bei der informellen Rekrutierung sind zudem Fremdselektionsprozesse beteiligt, wonach z.B. von Teammitgliedern nach Möglichkeit nur

Personen vorgeschlagen und angesprochen werden, die als geeignet betrachtet werden. Durch diese Vorauswahl erklärt es sich, dass informell rekrutierte Neulinge eine höhere Passung aufweisen und deshalb die Fluktuationsneigung bei ihnen geringer ausfällt als bei formell rekrutierten.

Die bessere Passung von informell rekrutierten Mitarbeiterinnen und Mitarbeitern erklärt sich auch aus der sozialen Kontrolle, die aus den persönlichen Beziehungen resultiert, die beim informellen Rekrutierungsprozess beteiligt waren. Damit ist gemeint, dass diejenigen, die einen Bewerber empfohlen haben, diesem nach der Einstellung auch unterstützend und korrigierend zur Seite stehen werden und damit positiv zum informellen Onboarding beitragen. Besonders deutlich wird dies am Beispiel der Rekrutierung von Familienangehörigen – insbesondere jungen Auszubildenden –, von denen ein Elternteil schon länger im Betrieb beschäftigt ist. Es kommt nicht selten vor, dass sich Ausbildungsleiter im Falle von Fehlverhalten an die Eltern wenden, um stärkeren Einfluss auf die Auszubildenden zu nehmen. Hier wird deutlich, auf welch starke soziale Netzwerke bei der informellen Rekrutierung teilweise zurückgegriffen wird. Dies kann allerdings auch negative Folgen für die Organisation und die Beschäftigten haben, beispielsweise wenn die Beziehungsdynamik, die mit der informellen Rekrutierung einhergeht, dazu führt, dass der Betrieb oder ein Neuling vor einer eigentlich fälligen Trennung zurückschrecken, weil hohe soziale Kosten befürchtet werden. Beispielsweise wird es einer Ausbildungsleiterin schwerfallen, einem ungeeigneten Auszubildenden zu kündigen, von dem ein Elternteil sich um den Betrieb verdient gemacht hat. Genauso wird auch der Auszubildende möglicherweise davon absehen, eine Ausbildung abzubrechen, um dem Elternteil „keine Schande zu machen" (siehe auch das Beispiel im Kasten).

Beispiel: „MiKis" und „KuKis"

Insbesondere kleine und mittelständische Betriebe lassen sich gelegentlich auf zwei Formen von informeller Rekrutierung ein, die zu MiKis und KuKis führen. Das sind zum einen die *Mitarbeiterkinder*, die MiKis, und zum anderen die *Kundenkinder* (KuKis), die u. a. bei der Besetzung von Lehrstellen bevorzugt werden.

Im Jahr 2013 berichtete die New York Times aber auch über entsprechende „Neigungen" in einem Großunternehmen: JPMorgan stand im Verdacht, die Kinder einflussreicher chinesischer Beamter eingestellt zu haben, um an lukrative Aufträge zu kommen.

Auch wenn in der Literatur die Annahme vorherrscht, dass die geringere Fluktuationsneigung von informell rekrutierten Neulingen das Resultat einer hohen Passung ist, gibt es aus Sicht der Organisation auch eine weniger günstige Erklärung: Diese lautet, dass insbesondere Personen, denen auf formellem Wege die Türen in die Organisation verschlossen bleiben, auf informelle Rekrutierungswege angewiesen sind (Loury, 2006). Die geringere Fluktuationsneigung ergäbe sich in diesem Falle dadurch, dass informell rekrutierte Neulinge weniger Alternativen auf dem Arbeitsmarkt haben und daher länger in der Organisation verbleiben. Problematisch ist es auch, wenn Empfehlungen durch andere Beschäftigte deren Partikularinteressen geschuldet sind, beispielsweise weil sie eine Person besonders sympathisch finden oder sich etwas von der Empfehlung versprechen, ohne das Wohl des Arbeitgebers im Blick zu haben.

Die Art der Rekrutierung hat auch Einfluss auf die Bewertung des Auswahlprozesses durch die neuen Mitarbeiterinnen und Mitarbeiter und deren Selbstverständnis. In einer Studie zur Rekrutierung in inhabergeführten Kleinunternehmen (Reda & Dyer, 2010) zeigte sich, dass formell rekrutierte Personen nach der Einstellung andere Bewertungen abgaben als informell rekrutierte. Die formell rekrutierten Neulinge hatten eher das Gefühl, die Inhaber stünden hinter ihnen und hielten sich an die gemachten Versprechungen. Informell rekrutierte Neulinge waren sich hingegen der Wertschätzung ihrer Vorgesetzten nicht so sicher. Der formelle Rekrutierungsprozess kann somit auch eine Signalwirkung haben sowie Professionalität und Ernsthaftigkeit erkennen lassen. Die Wahrscheinlichkeit, dass klärende Gespräche zwischen Bewerbern und Führungskräften stattfinden, in denen die gegenseitigen Erwartungen und Verpflichtungen thematisiert werden, ist in einem formellen Rekrutierungsprozess deutlich höher. Da sich diese Klärung positiv auszuwirken scheint, sollten auch im Rahmen von informeller Rekrutierung Gelegenheiten hierzu geschaffen werden.

Neben der Unterscheidung in informelle und formelle Rekrutierungswege wird auch häufig von interner und externer Rekrutierung gesprochen. Während klassische Ansätze in der Forschungsliteratur die Unterscheidung in interne und externe Rekrutierung daran festmachen, über wie viel internes Wissen Bewerberinnen und Bewerber verfügen (Wanous, 1992), orientiert sich die Praxis bei dieser Unterscheidung an der Rekrutierungsquelle. Diese wird entsprechend als *intern* bezeichnet, wenn die rekrutierten Mitarbeiter sich schon in der Organisation befinden, oder als *extern,* wenn die Rekrutierung außerhalb der Organisation stattfindet. Die Einteilung in interne und externe Wege ist nicht deckungsgleich mit derjenigen in formelle und informelle Rekrutierungswege, auch wenn sich die beiden Begriffspaare stark überschneiden. Während bei informellen Rekrutierungswegen auch Beziehungsnetze außerhalb der Organisation genutzt werden, bezieht sich die interne Rekrutierung nur auf Personen, die bereits beschäftigt sind (vgl. Dietz et al., 2011, S. 2), und externe Rekrutierung auf Personen, die der Organisation noch unbekannt sind. Für Deutschland fand das Institut für Arbeitsmarkt- und Berufsforschung (IAB), dass die externe Rekrutierung den größten Teil ausmachte (Dietz et al., 2011).

Interne Rekrutierungswege werden mit einem höheren Integrationserfolg in Zusammenhang gebracht: Die Übernahme von Auszubildenden, Praktikanten (Rose,

Teo & Connell, 2014) oder Zeitarbeitnehmern (Dahling, Winik, Schoepfer & Chau, 2013) scheint sich zu bewähren. Auch wenn überwiegend positive Effekte der internen Rekrutierung berichtet werden, sollte nicht außer Acht gelassen werden, dass interne ebenso wie informelle Rekrutierungswege im negativen Fall auch innovationshemmend wirken können, nämlich dann, wenn interne Bewerber höher qualifizierten, externen Personen vorgezogen werden. Neue Mitarbeiterinnen und Mitarbeiter können durchaus neue Impulse geben – gerade, wenn sie möglicherweise zunächst vermeintlich weniger gut „passen" und die Routinen in der Organisation hinterfragen oder gar stören.

Aus Arbeitnehmersicht können einige interne Rekrutierungsstrategien, wie etwa die Vergabe von Langzeitpraktika oder die Beschäftigung von potenziellen Mitarbeitern durch Zeitarbeit, kritisch betrachtet werden. So hat sich das Anbieten von Praktikumsplätzen in den letzten Jahren zwar als eine für Organisationen attraktive, gleichzeitig aber umstrittene Maßnahme zur Rekrutierung etabliert. Der Begriff „Generation Praktikum" umschreibt dabei eine extreme Entwicklung, die darin besteht, Praktika lange Zeit dauern zu lassen und dabei Gutgläubigkeit und Notlagen von Praktikanten auszunutzen. So sah sich in Deutschland der Gesetzgeber im Jahr 2015 dazu veranlasst, den Mindestlohn auch für Praktikanten, die länger als drei Monate beschäftigt werden, einzuführen (Pflichtpraktika und kürzere Praktika sind hiervon ausgenommen).

Organisationen nutzen auch in zunehmenden Maße Personaldienstleister zur Rekrutierung von Personal (Sende & Galais, 2014). Sie entleihen Zeitarbeitnehmer im Rahmen der Arbeitnehmerüberlassung und übernehmen diese, wenn sie ihren Vorstellungen entsprechen. Die Rekrutierung über Zeitarbeit stellt damit praktisch eine Verlängerung der Probezeit dar und gestaltet die erste Zeit der Zusammenarbeit mit den potenziellen Mitarbeitern sehr unverbindlich. Den Organisationen sollte hierbei allerdings bewusst sein, dass Arbeitsstellen, die über Personaldienstleister besetzt werden, in den Augen von Bewerberinnen und Bewerbern unattraktiver sind als Stellen, die direkt von der Organisation ausgeschrieben werden (Galais et al., 2014).

Kann man nun also zusammenfassend sagen, dass informelle Rekrutierungswege dazu beitragen, die anschließende Integration neuer Mitarbeiter zu erleichtern oder sogar zu befördern? Im Kasten sind einige Antworten auf diese Frage noch einmal kurz zusammengefasst:

Informelle Rekrutierungsmethoden

1. Informelle Rekrutierungswege eröffnen in vielen Fällen vorgezogene Einsichten in den eventuellen neuen Arbeitsplatz, wirken also ähnlich wie eine realistische Tätigkeitsinformation und reduzieren in einem gewissen Umfang Erwartungsenttäuschungen (Moser, 2005).

2. Diese Art der Rekrutierung bedeutet in manchen Fällen eine erhebliche Investition in Kandidatinnen und Kandidaten (z.B., wenn eine akademische Qualifikationsarbeit in der Organisation mit betreut wird), was dazu führen kann, dass auch nach der folgenden Aufnahme des Arbeitsverhältnisses mehr in diese investiert wird, was wiederum den Integrationserfolg wahrscheinlicher macht.
3. Im Kontext von informellen Rekrutierungswegen werden häufig persönliche Beziehungen und Netzwerke genutzt. Positive Effekte sind z.B. zu erwarten, wenn diese sozialen Netzwerke auch nach der Rekrutierung weiterhin unterstützend wirken. Negative Effekte können sich aber auch ergeben, wenn z.B. die Beziehungsdynamik sachliche Personalentscheidungen verhindert.

Grundsätzlich sollten Organisationen auch informelle Rekrutierungsmethoden durch formelle Auswahlverfahren ergänzen, z.B. durch strukturierte Gespräche zu den gegenseitigen Erwartungen und Verpflichtungen. Dies reduziert die Gefahr, sich für weniger geeignete Personen mit womöglich sogar eingeschränkten Alternativen auf dem Arbeitsmarkt zu entscheiden und hat gleichzeitig eine positive Signalwirkung sowohl auf die Bewerberinnen und Bewerber als auch auf die restliche Belegschaft: Denn scheint es allzu einfach zu sein, einen Arbeitsplatz zu erhalten, dann hat dies negative Effekte auf die Reputation der Arbeitsstelle und der ganzen Organisation. Zugleich vergrößert die Klärung gegenseitiger Erwartungen und Pflichten die wahrgenommene Wertschätzung sowie die Rollenklarheit und trägt somit zu einem gelungenen Onboarding bei.

4.3 Integration durch Vorgesetzte

Auch wenn es ein gewisses Problembewusstsein dafür geben mag, dass „man" sich um die Integration neuer Mitarbeiterinnen und Mitarbeiter kümmern müsste, wird noch in sehr vielen Organisationen darauf gesetzt, dass die Vorgesetzten hierfür ohnehin zuständig seien. Der Hinweis darauf, dass Vorgesetzte für die Integration, jedenfalls aber für die Einarbeitung der Neulinge zuständig seien, ist wohlfeil. Grundsätzlich gilt ohnehin: Es gibt nichts, was eine Führungskraft *nicht* können muss. Und natürlich ist das Onboarding eine Führungsaufgabe. Im Folgenden wird zunächst erläutert, was dies bedeuten kann. Danach wird auf die Grenzen der Möglichkeiten und des Wirkens von Führungskräften eingegangen.

Tabelle 6 zeigt exemplarisch, dass für alle in Kapitel 2 vorgestellten Zielkriterien der Integration die Führungskraft für zuständig erklärt werden kann. So ist sie in kleinen Unternehmen für die Sicherheitsunterweisung selbst zuständig, wird die Neulinge selbst anlernen oder den Geist des Unternehmens vorleben. Frühe Akte der demonstrativen Wertschätzung können eine zentrale Bedeutung dafür haben, dass die neuen Mitarbeiterinnen und Mitarbeiter verstehen, „wo ihr Platz ist" und „nach welchen Regeln gespielt wird".

Tabelle 6: Beispielhafte unmittelbare und mittelbare Aufgaben von Führungskräften bei der Integration

Zielkriterien der Integration	Unmittelbare Aufgabe der Führungskraft (Beispiele)	Mittelbare Aufgabe der Führungskraft (Beispiele)
Sicherheit und Compliance	Sicherheitsunterweisung	Regelverstöße sanktionieren lassen
Kenntnisse und Fertigkeiten	Vorbild sein, Anlernen, Feedback geben	Freistellen, Kosten von Weiterbildungsmaßnahmen übernehmen, Lernchancen vermitteln
Passung und Commitment	Werte vorleben, symbolisch führen	Loyalität zur Organisation demonstrieren
Rolle und Identität	Rolle klären, professionelle Standards vorleben	Strukturen definieren und erhalten, Rituale pflegen
Stressprävention und -bewältigung	Schulung, soziale Unterstützung anbieten	Gefährdungsbeurteilung des Arbeitsplatzes veranlassen

Wichtige Ressourcen für neue Mitarbeiterinnen und Mitarbeiter kann eine Führungskraft unmittelbar zur Verfügung stellen. Beispielsweise kann sie durch Schulungsmaßnahmen dafür sorgen, dass keine Überforderung stattfindet, oder sie kann soziale Unterstützung anbieten.

Vorgesetzte als Ressourcen

Wie bedeutsam ein entsprechend qualitätsvolles Führungshandeln sein kann, zeigen Lapointe, Vandenberghe und Boudrias (2013). Erlebte psychologische Vertragsbrüche führten zu starker Fluktuationsneigung und emotionaler Erschöpfung. War allerdings das affektive Commitment zur Führungskraft stark ausgeprägt, wirkte dies als deutlich spürbarer Puffer gegen die negativen Folgen einer psychologischen Vertragsverletzung.

Mangelndes Engagement von Vorgesetzten für das Onboarding ihrer Mitarbeiterinnen und Mitarbeiter kann verschiedene Ursachen haben: Sie könnten nicht wissen, was sie tun sollen, es nicht für nötig und wirksam einschätzen oder schlicht nicht die Zeit haben bzw. andere Prioritäten setzen (siehe Kasten). Alle diese Faktoren lassen die Frage aufkommen, wer denn nun ergänzend oder anstelle der Führungskraft aktiv werden könnte und sollte, wenn die genannten Zielkriterien der Integration ernstgenommen werden.

Integration ignorieren: Laissez-faire-Führung

Vorgesetzte können bewusst, aus Unwissen oder aus Not das Onboarding neuer Mitarbeiterinnen und Mitarbeiter ignorieren. Was dann passieren kann, lehrt uns die Forschung zur „Laissez-faire-Führung". Aspekte hiervon sind u.a. die Verantwortungsübernahme zu verweigern, nicht auf Probleme zu reagieren, sich weigern, einen eigenen Standpunkt zu beziehen oder Belohnungen und Bestrafungen zu unterlassen. Nicht weiter überraschend zeichnet solches Verhalten unterdurchschnittlich erfolgreiche Führungskräfte aus (Hinkin & Schriesheim, 2008).

Wie die rechte Spalte in Tabelle 6 beispielhaft deutlich macht, können Vorgesetzte auch mit weniger (zeitlichem) Aufwand Wirkung entfalten. Denkbar ist allerdings auch, dass sie selbst bei bestem Willen an ihre Grenzen stoßen. Beispielsweise kennen sie bestimmte Details der Aufgaben der Neulinge nicht oder sie kommen in Rollenkonflikte, wenn sie diese einerseits zur Selbstständigkeit ermuntern, sie andererseits aber auch unterstützen sollen. An diesen Stellen werden die Arbeitsgruppe und die Einarbeitung durch den Vorgänger bedeutsam.

4.4 Integration durch Teammitglieder

Die Arbeitsgruppe, der neue Organisationsmitglieder zugeordnet werden, wird oft als eigentlicher Bezugspunkt und Agent der organisationalen Sozialisation bezeichnet. Hier arbeiten die Menschen in der Organisation, die unmittelbar auf die Neulinge einwirken – und hier sind auch diejenigen, auf die neue Mitarbeiterinnen und Mitarbeiter noch am stärksten selbst einwirken können (Anderson & Thomas, 1996). Tatsächlich haben sogar einzelne Untersuchungen (z.B. Anderson & Thomas, 1996) zeigen können, dass die Unterstützung durch Mitglieder der Arbeitsgruppe von den Neulingen als hilfreichste Integrationsmethode eingeschätzt wird. Die Integration in die Arbeitsgruppe wirkte als Puffer gegen die Auswirkungen von Enttäuschungen (Rehn, 1993). Ähnlich fanden Major, Kozlowski, Chao und Gardner (1995), dass die Qualität der anfänglichen Arbeitsbeziehungen die negativen Auswirkungen unerfüllter Erwartungen moderiert (vgl. auch Maier, 1998).

Eine weitere Sichtweise auf die Bedeutung der Arbeitsgruppe besteht darin, die Integration in die Arbeitsgruppe als einen Prozess des Aufbaus von sozialem Kapital zu verstehen:

- *Strukturelles* soziales Kapital erwerben neue Mitarbeiterinnen und Mitarbeiter, wenn sie eine wertvolle Position in der Gruppe einnehmen können, wenn sie eben nicht nur „der oder die Neue" sind (Korte & Lin, 2013).

- *Beziehungsbezogenes* soziales Kapital hat man dann, wenn man zu einem Teil des Teams geworden ist.
- *Kognitives* soziales Kapital erwirbt man, wenn man kulturelle Regeln und Normen versteht, gelernt hat und teilt.

Damit soziales Kapital entstehen kann, müssen sich allerdings Individuum und Arbeitsgruppe anstrengen, denn ein Gruppenmitglied mit schwachem sozialem Kapital schwächt letztlich auch die Arbeitsgruppe insgesamt.

Die Arbeitsgruppe kann zwar Informationen und Interpretationen vermitteln und zugleich Quelle von Verhaltensverstärkungen sein. Hinderlich sind dabei aber vor allem zwei Extremkonstellationen: Gruppen, die sehr konfliktträchtig sind (der neue Mitarbeiter weiß nicht, auf welche Seite er sich schlagen soll) und Gruppen, die sich durch eine sehr starke Kohäsion auszeichnen und z. B. auf eine neue Mitarbeiterin abweisend reagieren. Darüber hinaus ist nicht auszuschließen, dass neue Mitarbeiterinnen und Mitarbeiter nicht als zusätzliche Ressource für das Team, sondern als Bedrohung wahrgenommen werden. Idealerweise werden hingegen neue Mitarbeiterinnen und Mitarbeiter durch Teamrezeptivität (siehe Kasten) integriert.

Teamrezeptivität

Neue Teammitglieder sind eine Quelle von Innovation, sie sind aber auch eine potenzielle Bedrohung von Routinen, Regeln und Erfahrungen. Vollständig rezeptiv ist ein Team dann, wenn es als Reaktion auf das neue Teammitglied

1. die eigenen Prozesse reflektiert, Routinen verändert und Ideen generiert,
2. Wissen, Fähigkeiten und Fertigkeiten des neuen Teammitglieds nutzt und
3. den Neuling als vollwertiges Mitglied akzeptiert (Rink, Kane, Ellemers & Van der Vegt, 2013).

Allerdings zeigt sich sehr oft, dass die Akzeptanz im Team genau durch solche Faktoren erleichtert wird (z. B. keine Kritik üben, den anderen Teammitgliedern ähnlich sein), die für Teamrezeptivität weniger förderlich sind.

Die fachliche Einarbeitung neuer Mitarbeiterinnen und Mitarbeiter besteht oft darin, Wissen von Vorgesetzten oder vorherigen Stelleninhabern weiterzugeben. Das „Wissen“ kann sich dabei auf verschiedene Aspekte beziehen, Produkte, Prozesse, Regeln oder Besonderheiten von Kunden und Klienten können dazu gehören. Das Ausmaß, in dem Wissen transferiert wird, ist nicht einfach zu bestimmen (Argote & Ingram, 2000). Ein Grund dafür ist *implizites Wissen,* das per Definition gar nicht bzw. nur sehr schwer artikulierbar ist, dessen Transfer aber daran erkennbar ist, dass sich die Erfahrungen des Wissensgebers auf das Verhalten des Wissensnehmers auswirken. Ein anderer Grund ist, dass es verschiedene Orte gibt, an denen organisationales Wissen gespeichert sein kann: (1) einzelne Organisationsmitglieder, (2) Rollen und organisationale Strukturen, (3) Routineprozeduren und -praktiken, (4) die Organisationskultur und (5) das objektive Umfeld des Arbeitsplatzes. All dies macht Initiativen rund um die Themen Wissenstransfer und Wissensmanagement so schwierig. Entsprechend divers, aber auch mit großer Unsicherheit behaftet, sind auch die Methoden. Während für einige dies vor allem ein Problem des Datenmanagements ist, setzen andere auf Übergabegespräche oder sogar auf die Bildung von Tandems im Sinne altersgemischter Teams (siehe das Beispiel im Kasten).

Beispiel: Einarbeitung durch erfahrene Kollegen (Tandembildung)

„Ende dieses Jahres wird Nigel Whippey in den Ruhestand gehen. Der Engländer, Experte für Schmelztechnologie, will sein Erfahrungswissen an seinen Nachfolger weitergeben: ‚Ich möchte, dass mein Bereich auch nach meinem Ausscheiden gut weiterläuft. Daher bin ich froh, dass ich einen Nachfolger habe, der meine Erfahrungen wertschätzt', sagt der 64-Jährige, der sich bei Heraeus als Projektleiter in der Entwicklung über 30 Jahre umfangreiche Kenntnisse im Bereich Quarzglas angeeignet hat.

Wird bei vielen Unternehmen erst kurz vor dem Ausscheiden eines Mitarbeiters über dessen Nachfolge nachgedacht, war es bei dem Hanauer Technologiekonzern Heraeus anders. Den Verantwortlichen war bewusst, dass sich Whippeys Wissen nicht innerhalb von zwei Jahren übergeben lassen würde. Bereits 2008 wurde deshalb der Physiker Boris Gromann eingestellt. Er wird Whippeys Nachfolge antreten. Die beiden Kollegen bilden inzwischen ein sogenanntes Nachfolge-Tandem, bei dem erfahrungsgebundenes Wissen übertragen werden soll.

Wie für viele Technologieunternehmen, ist auch bei Heraeus der Bereich Entwicklung das Herzstück: Die Entwickler führen komplexe Testverfahren für vielfältige Produkte mit teilweise sehr langen Entwicklungszyklen durch. Roland Hehn, Leiter des globalen Personalmanagements, malt aus, welche Folgen der Wissensverlust haben kann: ‚Wenn das hoch spezialisierte Produkt- und Technologie Know-how eines ausscheidenden Mitarbeiters verloren ginge, dann bliebe im schlimmsten Fall die ganze Entwicklung liegen. Dieser Innovationsverlust würde einen hohen Schaden für das Unternehmen bedeuten.'

Nach Auffassung von Michael Heuser, Professor für Internationales Management an der Fachhochschule für Wirtschaft in Mettmann, ist die Furcht vor dem Innovationsverlust eines der Hauptmotive für Generationen-Tandems: ‚Wissen und Erfahrung zählen zu den erfolgskritischen Wertschöpfungsfaktoren. Wissenstransfer wird damit zu einer Massenherausforderung. Waren Tandems früher Einzelfälle oder Ad-hoc-Initiativen, sind sie heute ein systematischer Ansatz der generationsübergreifenden Wissens- und Erfahrungsweitergabe.'

Bestimmte Voraussetzungen müssen aber erfüllt sein, damit die Eins-zu-eins-Beziehung funktioniert. Eine gleichberechtigte Partnerschaft ist eine davon: Keiner der Tandempartner darf im anderen eine Konkurrenz sehen; der erfahrene Mitarbeiter darf sein Wissen nicht ‚festhalten' wollen, und der Unerfahrene muss bereit sein, dessen Wissen anzunehmen. Roland Hehn weiß aus Erfahrung: ‚Ein relativ großer Altersunterschied der Tandempartner ist förderlich; ansonsten kann es schnell zu Spannungen oder einem Kräftemessen kommen.' Auch räumliche Nähe ist für den Wissensaustausch natürlich förderlich. So saßen bei Heraeus die Tandempartner seit Beginn ihrer Zusammenarbeit in einem Büro.

Für den jüngeren Entwicklungsingenieur war der kurze Draht zu seinem älteren Kollegen enorm wichtig: ‚Ich kam direkt von der Universität und hatte deshalb nur ein oberflächliches Verständnis davon, mit welchen Bereichen Entwickler zusammenarbeiten, wie verschiedene Quarzglas-Produktionsanlagen in der Praxis funktionieren und wie Testversuche durchgeführt werden', erinnert sich Gromann an seine Anfangszeit bei Heraeus. Selbst heute, nach vielen Jahren der Zusammenarbeit, nutzt er noch den Erfahrungsschatz des Älteren: ‚Einen Testversuch für eine Neuentwicklung zu planen, der bis zu mehreren Wochen dauern kann, ist eine sehr komplexe Angelegenheit. Hierbei profitiere ich auch von dem guten Netzwerk meines Kollegen beispielsweise zur Produktion und externen Dienstleistern.'

Die Tandempartner sind überzeugt, dass sie beide von der Partnerschaft profitieren: Gromann, weil er sich in Ruhe in ein komplexes Umfeld einarbeiten konnte und Whippey, weil er neue Sichtweisen kennengelernt und von neuen Ideen profitiert hat. Dass das Tandem so gut zusammenarbeitet, führt der Personalchef darauf zurück, dass sich beide respektieren und die ‚Chemie' stimmt: ‚Im Vorfeld haben wir uns sehr genau angesehen, ob beide persönlich zueinander passen und ob die Sicht- und Arbeitsweisen nicht zu weit auseinanderliegen.' Neben der persönlichen Passung eigne sich das Instrument vor allem dann, wenn es eine kontinuierliche Zusammenarbeit gebe und das Netzwerk eine hohe Bedeutung habe."

(Annette Neumann, aus VDI nachrichten 8/2016 © VDI Verlag GmbH Düsseldorf; abgerufen am 02.06.2017 unter http://www.vdi-nachrichten.com/Management-Karriere/Generationen-Tandems-sichern-Wissenstransfer)

4.5 Einführungsprogramme

Die Integration erfolgt oft mit Einführungsprogrammen. Diese haben zwei wesentliche Zielrichtungen, die auf systematische, strukturierte und kollektive (also viele Beschäftigte betreffende) Art realisiert werden: Orientierung und fachliche Einweisung. Orientierungsprogramme vermitteln grundlegendes Wissen zur Organisation und sollen die Rolle der Neulinge innerhalb der Organisation klären. Sie beinhalten grundsätzlich keine fachliche Einführung in die spezifischen Arbeitsaufgaben. Letzteres bleibt dann der fachlichen Einweisung bzw. Trainingsprogrammen überlassen.

Orientierungsprogramme sollen neuen Mitarbeiterinnen und Mitarbeitern bei der Anpassung helfen und beinhalten eine allgemeine Einführung am Arbeitsplatz, das Kennenlernen der anderen Beschäftigten im Umfeld sowie Informationen zur Organisation. Typische Ziele dieser Programme sind die Vermittlung von organisationsspezifischem Wissen, eine Erhöhung der Rollenklarheit und die Reduzierung von Unsicherheit der Neulinge (Saks, 2015). Sie beginnen oft bereits in der ersten Arbeitswoche und dauern bis zu fünf Tage (Wanous & Reichers, 2000). Die Wirksamkeit solcher Orientierungsprogramme wurde auch bereits empirisch untersucht. Beispielsweise fand Saks (1994) bei einem Orientierungsprogramm für saisonale Angestellte eines Freizeitparks, dass Genauigkeit und Vollständigkeit der Informationen des Programms sich positiv auf die Problembewältigung, das organisationale Commitment und die Erwartungserfüllung auswirkten, was in eine höhere Arbeitszufriedenheit und eine geringere Fluktuationsabsicht mündete.

Bei Orientierungsprogrammen steht also nicht die Weitergabe von tätigkeitsbezogenem Wissen im Vordergrund, sondern sie sollen vor allem die grundlegenden Werte und „ungeschriebenen Gesetze" einer Organisation vermitteln. Diese Zielsetzung wird in einer Studie von Wesson und Gogus (2005) deutlich, die ein traditionelles Programm zur Eingliederung mit einem computerbasierten Orientierungsprogramm verglichen. Das traditionelle Programm dauerte eine Woche und machte die Neulinge mit den Strukturen und Prozessen der Organisation sowie ihrer Rolle vertraut. Dabei kamen u. a. Präsentationen, Videos sowie Maßnahmen des „Team Building" zum Einsatz. Das computerbasierte Orientierungsprogramm umfasst die gleichen Inhalte wie das traditionelle Programm, und zwar in Form von Texten, Audio- und Video-Formaten. Der Erfolg der beiden Programme wurde nach zwei Monaten anhand mehrerer Kriterien überprüft:

- Wissen zur Geschichte der Organisation
- Wissen zur Sprache der Organisation (z. B. Verwendung von organisationsspezifischen Akronymen)
- Einschätzung der eigenen Leistungsfähigkeit („performance proficiency")
- Übernahme organisationaler Ziele und Werte
- Verständnis für die organisationale Politik
- Zurechtkommen mit Personen der Organisation

Beide Orientierungsprogramme konnten das Wissen über die Organisation fördern (Geschichte, Sprache, Leistungsfähigkeit). Hinsichtlich der sozial-relevanten Inhalte der Sozialisation (organisationale Werte, Politik, Personen) erwies sich das traditionelle Programm als wirksamer als das computerbasierte Orientierungsprogramm. Nach vier Monaten erfolgte schließlich eine Einschätzung distaler Kriterien der Sozialisation. Dabei wiesen die Mitarbeiter, die das computerbasierte Orientierungsprogramm absolviert hatten, eine geringere Arbeitszufriedenheit und ein geringeres Commitment gegenüber der Organisation auf. Dies war darauf zurückzuführen, dass mit einem computerbasierten Programm sozial-relevante Inhalte, also organisationale Werte, Politik und Kenntnisse wichtiger Personen, schlechter vermittelt wurden. Ebenso wurde von den Vorgesetzten die Leistungsfähigkeit dieser Gruppe geringer eingeschätzt. Die Wirksamkeit sozial-orientierter Maßnahmen, wie z. B. Einsatz von Mentoren, Buddy-Systeme (siehe Abschnitt 4.6) oder gemeinsame Veranstaltungen, ist kein Einzelfall, sondern wurde bereits auf breiterer Basis metaanalytisch bestätigt (Saks, Uggerslev & Fassina, 2007).

Zusammenfassend sollten Orientierungsprogramme nicht nur reines Wissen über die Organisation vermitteln, sondern Wert auf sozial-orientierte Maßnahmen der Integration legen, um die langfristigen Ziele der organisationalen Sozialisation zu erreichen.

Die meisten Orientierungsprogramme zielen vor allem auf die Vermittlung von Wissen über die Organisation und die Erhöhung der Rollenklarheit ab. Allerdings ist der Eintritt in eine Organisation oft mit Unsicherheit hinsichtlich der Anforderungen und Erwartungen verbunden, was von den neuen Mitarbeiterinnen und Mitarbeitern als beanspruchend erlebt wird. Ebenso ist mit der Übernahme neuer Aufgaben die Wahrscheinlichkeit von Fehlhandlungen gegeben (siehe Abschnitt 2.1). Deswegen sollten nach Wanous und Reichers (2000) Orientierungsprogramme um die Vermittlung von Strategien zur Bewältigung von belastenden Situationen erweitert werden. Diese Idee wurde von Ślebarska, Soucek und Moser (2019) mit einer Intervention zur Förderung proaktiven Copings aufgegriffen. Dazu wurde ein Arbeitsheft entwickelt, das die neuen Mitarbeiterinnen und Mitarbeiter beim Eintritt in die Organisation bearbeiteten. Dieses Arbeitsheft umfasste Übungen zur Reflexion der eigenen und der organisationalen Ressourcen sowie zur Planung und Umsetzung von Handlungsstrategien zum Umgang mit belastenden Situationen. Die Reflexion bezog sich ebenso auf Möglichkeiten der sozialen Unterstützung in instrumenteller und emotionaler Hinsicht. Es konnte festgestellt werden, dass mit dem Arbeitsheft das proaktive Verhalten im Zeitverlauf verbessert werden konnte, was sich wiederum in einer höheren Rollenklarheit niedergeschlagen hat.

Wenn bei der Integration neuer Mitarbeiterinnen und Mitarbeiter *Trainingsprogramme* zum Einsatz kommen, dann steht die fachliche Einweisung an den spezifischen Arbeitsplatz im Vordergrund. Solche Trainings fallen oft monothematisch aus, etwa wenn es um Sicherheits- und Gefährdungsunterweisung oder um Erläuterungen zu einer aktuellen Neuerung im Warenangebot geht. Dabei handelt es sich um institutionalisierte Programme, d. h. die Neulinge durchlaufen ein inhaltlich festgelegtes Programm, bevor sie ihre eigentliche Tätigkeit in der Organisation übernehmen. Eine Metaanalyse zur organisationalen Sozialisation zeigt, dass sich vor allem solche institutionalisierten Programme positiv auf den Anpassungserfolg auswirken (Bauer et al., 2007).

Beispiel: Onboarding bei OTTO

Das Onboarding bei OTTO beginnt mit einer Welcome-Session, in der die neuen Beschäftigten Einblick in den Arbeitsalltag erhalten, Ansprechpersonen kennenlernen und relevante Tools vorgestellt werden. In den ersten zwei Wochen erhalten die Neulinge eine Einführung in die Unternehmensstrategie und gewinnen in mehreren Sessions Einblick in verschiedene Abteilungen. Auf diese Weise erhalten die neuen Beschäftigten einen Eindruck vom Kampagnenmanagement, der Produktberatung und Sortimentsgestaltung. Im Rahmen eines konzernübergreifenden Starter-Programms können die Neulinge neue Kontakte knüpfen und in verschiedenen interaktiven Formaten wird die Ausrichtung der Otto Group sowie deren Ansätze für Corporate Responsibility, hybrides Arbeiten und verantwortungsvolles E-Commerce vermittelt.

Quelle: https://www.otto.de/jobs/arbeitgeber-otto/onboarding/ (abgerufen am 22.06.2023)

In der betrieblichen Praxis sind Orientierungs- und Trainingsprogramme oftmals miteinander verwoben. Insbesondere während der beruflichen Erstausbildung vermitteln Orientierungsprogramme grundlegende Kompetenzen und ergänzen damit die beruflich-fachliche Qualifikation, die in Trainingsprogrammen im Vordergrund steht. Diese weiterführende Wirkung von Wissen und Rollenklarheit verdeutlicht eine Evaluationsstudie von Soucek, Pospech und Moser (2010). Ein Training zur Förderung sozialer Kompetenzen von Auszubildenden sollte Wissen hinsichtlich berufsrelevanter sozialer Kompetenzen (Kommunikations- und Kooperationsfähigkeit) vermitteln sowie die Rollenklarheit der Auszubildenden verbessern. Es gelang nicht nur, diese beiden Ziele zu erreichen, sondern es zeigte sich vor allem, dass eine stärkere Zunahme des Wissens sowie mehr Rollenklarheit mit höheren sozialen Kompetenzen nach dem Trainingsprogramm einhergehen (Soucek et al., 2010).

4.6 Patensysteme

Unter einem Patensystem ist zu verstehen, dass ein erfahrener Mitarbeiter oder eine erfahrene Mitarbeiterin zum „Paten" oder zur „Patin" gemacht wird. Damit wird er oder sie als dafür zuständig erklärt, die persönliche Unterstützung eines Neulings zu übernehmen. Gelegentlich ist auch von einem „Buddy"-System die Rede. In manchen Fällen handelt es sich um eine in der Hierarchie höherstehende Person; üblicher ist es allerdings, dass die Hierarchieebene keine Rolle spielen soll, die Erfahrungen sollen informell weitergegeben werden, wobei die Niedrigschwelligkeit, also die geringe soziale Distanz zwischen Pate oder Patin und Schützling, ein besonderer Vorteil sein sollte (siehe das Beispiel im Kasten).

Beispiel: Patensystem in einem Auszubildendenprogramm

Das Auszubildendenprogramm der Stadt Schweinfurt beinhaltet ein Patensystem. Im Rahmen dieses Programms wird jedem neu eingestellten Auszubildenden ein erfahrenerer Auszubildender im 2. oder 3. Ausbildungsjahr möglichst des gleichen Ausbildungsberufs als Pate zugeteilt. Dieser Pate erklärt dem neuen Mitarbeitenden den Arbeitsplatz und steht diesem als Ansprechpartner zur Verfügung. Mit dem Patensystem soll erreicht werden, dass sich die neuen Auszubildenden schnell am Arbeitsplatz zurechtfinden, Anschluss an andere Auszubildende finden und bei Fragen und Problemen einen Ansprechpartner haben.

Quelle: https://www.schweinfurt.de/media/www.schweinfurt.de/org/med_935/9918_das_patensystem.pdf (abgerufen am 22.06.2023)

Auch für die Paten ist eine derartige Patenschaft mit einem Nutzen verbunden, insbesondere nehmen sie mit der Patenschaft eine neue Rolle ein und können weitergehende Erfahrungen mit der eigenen Kommunikations- und Kooperationsfähigkeit sammeln.

Das Patensystem thematisiert die Bedeutung der sozialen Integration in das soziale Umfeld. So meint beispielsweise Cutler (2005), dass die Frage „was ein/e neue/r Mitarbeiter/in können sollte" nicht so wichtig sei wie jene danach, „wen ein/e neue/r Mitarbeiter/in kennenlernen sollte". Sie empfiehlt ein Buddy-System, wobei dem Neuling eine Kollegin oder ein Kollege zur Seite gestellt wird, der oder dem man, anders als Mentoren, auch triviale und alltägliche Fragen stellen kann. Sie sollen auch dabei helfen, mit den anderen Kolleginnen und Kollegen in Kontakt zu kommen.

Im Unterschied zum Mentoring geht es beim Patensystem nicht um karrierebezogene Belange. Dort wo Arbeitsbereiche klein sind, die Führungskraft ohnehin gut erreichbar und auskunftsbereit ist oder die Unterstützung der Neulinge spontan und unauffällig erfolgt (z. B. in kleinen Handwerksbetrieben), mag ein Patensystem überflüssig sein. Wenn sich andererseits neue Mitarbeiterinnen und Mitarbeiter verunsichert fühlen und wenig Offenheit erleben, kann ein formeller Pate hilfreich sein. Zudem kann die Patenfunktion auch im Interesse der anderen Teammitglieder sein, um z. B. zu vermeiden, dass sich die Fragen bei einer gutmütigen Ansprechperson häufen und eventuell einen Umfang annehmen, dass deren Kernarbeitsleistung beeinträchtigt wird. Es mag sein, dass für manch einen der Begriff „Pate" mit unliebsamen Assoziationen verknüpft ist, wofür der Film „Der Pate" verantwortlich sein könnte, in dem Marlon Brando, Robert DeNiro und Al Pacino Paten mimten, die sich nicht nur um andere kümmerten und Einfluss hatten, sondern vor allem äußerst skrupellos agierten. Der nüchterne Begriff „Startbegleiter“ bietet sich als Alternative an. Im Bereich der Integration von Flüchtlingen wurde auch der Begriff „Integrationslotsen“ verwendet.

4.7 Mentoring

Mentor ist eine Figur der griechischen Mythologie, Freund von Odysseus und Erzieher seines Sohnes. Ein Mentor ist demnach ein „väterlicher Freund“ oder „Lehrer“. Im beruflichen Kontext handelt es sich bei einem Mentor oder einer Mentorin um eine Person, die über eine breite berufliche Erfahrung verfügt und höher in der Organisationshierarchie steht. Sie unterstützt den Protegé in seiner beruflichen Entwicklung. Im Wesentlichen lassen sich Karrierefunktionen und psychosoziale Funktionen von Mentoring unterscheiden (Kram, 1988; vgl. Abbildung 11).

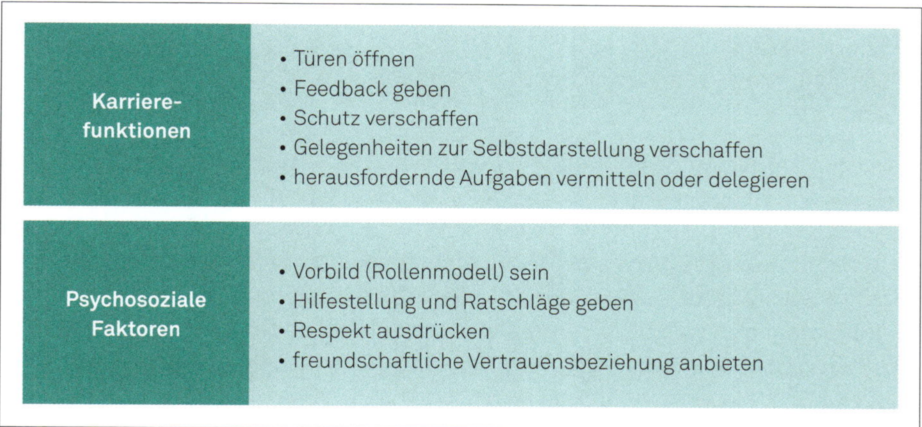

Abbildung 11: Funktionen von Mentoring (in Anlehnung an Kram, 1988)

Mentoring hat sich hinsichtlich mehrerer Kriterien als wirksam für die Karriereentwicklung erwiesen: Arbeitsleistung und Fluktuationsneigung korrelieren mit Mentoring, wenn auch die Effektstärken als nicht besonders groß einzustufen sind (Eby, Allen, Evans, Ng & DuBois, 2008). Die karrierebezogenen Funktionen des Mentorings hängen stärker mit objektiven Karriereerfolgsmaßen wie dem Gehaltswachstum oder der Anzahl der Beförderungen zusammen als die psychosozialen Funktionen. Überraschenderweise weisen beide, die karrierebezogenen und die psychosozialen Funktionen, einen vergleichbar hohen Einfluss auf den subjektiven Karriereerfolg auf, der sich z.B. in einer höheren Karriere- und Arbeitszufriedenheit ausdrückt (Metaanalyse von Allen, Eby, Poteet, Lentz & Lima, 2004).

Die hohe Plausibilität des Konzepts sowie positive empirische Befunde zur Nützlichkeit von Mentorenbeziehungen (z. B. Kram, 1988; Eby et al., 2008) haben Anlass zur Überlegung gegeben, Mentoring gezielt zu fördern. Dies kann z. B. dadurch geschehen, dass eine positive Kultur geschaffen wird, die Mentoring erleichtert, indem z. B. Nachwuchskräfte früh mit potenziellen Mentoren bekannt gemacht werden. Noch weitergehend können Mentorenprogramme eingeführt und z. B. jedem Beschäftigten ein Mentor zugewiesen werden. Vorbereitungs- und Schulungsmaßnahmen für das Mentoring sollten insbesondere auf folgende Punkte eingehen (vgl. Kram, 1988):

- Den Stellenwert verdeutlichen, den eine gute Mentorenbeziehung für die Karriere hat.
- Die Möglichkeiten und Grenzen einer Mentorenbeziehung aufzeigen.
- Vorurteile bzw. Vorbehalte gegen Mentoring ansprechen (Stichwort „Seilschaften").
- Auf das hochsensible Problem gegengeschlechtlicher Mentorenbeziehungen eingehen.
- Die zwischenmenschlichen Fähigkeiten schulen (Kommunikationsverhalten, Konfliktfähigkeit).
- Die Bedeutung von Mentoring in der Organisation klären (z. B. Bezug zur Organisationskultur).

Inwiefern die gezielte *Zuweisung* von Mentoren zu bestimmten Schützlingen wirklich wirksam ist, kann bezweifelt werden. Tatsächlich zeigt sich, dass bei einer festen Zuweisung von Mentoren zu Beschäftigten der Nutzen von Mentoring geringer ausfällt als bei informellem Mentoring, also wenn sich Mentor und Protegé spontan zusammenfinden (Underhill, 2006). Zudem sind die psychosozialen Funktionen durch ein solches Vorgehen wahrscheinlich weniger gut realisierbar, da sie eine gewisse persönliche Beziehung erfordern, die nicht einfach verordnet werden kann. Darüber hinaus hat sich neuerdings gezeigt, dass die allzu optimistische Sichtweise auf Mentoring einer Korrektur bedarf. So ergab sich, dass die Wirkungen von Mentoring als eher gering einzuschätzen sind. Allen et al. (2004) gelangen zu der Schlussfolgerung, dass andere Einflussgrößen einen stärkeren Einfluss auf den Karriereerfolg haben könnten, wie etwa die Qualität der Ausbildung (Humankapital) oder das Networking (siehe auch Kammeyer-Mueller & Judge, 2008; Wolff & Moser, 2009).

Mittlerweile sind sowohl methodische als auch inhaltliche Kritikansätze am Konzept Mentoring vorgebracht worden. Kritik wurde vor allem an der Dominanz querschnittlicher und damit letztendlich retrospektiver Untersuchungsansätze geübt (Blickle, 2000). In einer der wenigen Längsschnittstudien fanden Higgins und Thomas (2001), dass der erste Mentor in einer Karriere nur begrenzte Wirkung entfalten kann und für längerfristigen Karriereerfolg vielmehr eine geeignete Konstellation verschiedener Mentoren entscheidend ist. Dies könnte ein Hinweis darauf sein, dass Mentoring zu Beginn einer beruflichen Laufbahn und damit auch während der Integration in eine neue Organisation nur begrenzte

Wirkung entfaltet. So berichten Korte und Lin (2013) – allerdings nur auf der Grundlage weniger qualitativer Interviews –, dass Neulinge klassisches Mentoring gleich zu Beginn eher als weniger nützlich empfanden und dass sie sich eher lokale Mentoren wünschten. Payne, Culbertson, Boswell und Barger (2008) fanden, dass vor allem solche neuen Mitarbeiterinnen und Mitarbeiter mehr Zeit mit ihrem Mentor verbrachten, die den psychologischen Kontrakt zwischen sich und ihrem Arbeitgeber als schlecht ausbalanciert sahen. Dies bedeutete insbesondere, dass sie bei sich selbst wenige Verpflichtungen wahrnahmen (z. B. hart zu arbeiten oder loyal zu sein), bei ihrem Arbeitgeber aber viele Verpflichtungen sahen (z. B. zu unterstützen, einen sicheren Arbeitsplatz zu gewährleisten, für Karrierechancen zu sorgen). Dies klingt so, als ob die Mentoren vor allem als Adresse für Problemgespräche gesehen wurden. Tatsächlich muss Mentoring bestimmte Qualitäten haben, um karriereförderlich zu sein: Der Mentor sollte wirklich Macht haben und der Protegé zudem *Networking* betreiben (Blickle, Witzki & Schneider, 2009).

Zudem wurde das Problem der Dimensionalität der Funktionen von Mentoring (vgl. Abbildung 11) aufgeworfen. Während z. B. Kram (1985) das vorbildhafte Verhalten (role modeling) noch als Bestandteil der psychosozialen Funktionen sah, sprechen nachfolgende faktorenanalytische Befunde dafür, dieses als eigenständigen dritten Faktor zu konzipieren (Scandura & Ragins, 1993). Dies lässt offensichtlich umso deutlicher die Frage aufkommen, was denn nun genau Mentoring im Kern eigentlich ist, ob ein Mentor erstens wirklich etwas Besonderes sein muss und die erwähnten Funktionen wirklich in einer Person vereint sein müssen. In der Tat haben Kram und Isabella (1985) darauf aufmerksam gemacht, dass auch in Kollegenbeziehungen einige der entsprechenden Funktionen erfüllt werden können. Und insbesondere für die vielen Individuen, denen Zugänge zu Mentoren fehlen, z. B. weil sie selbstständig sind oder in kleinen Organisationen arbeiten, können nicht nur Kollegen, sondern auch andere Gruppen, z. B. professionelle Vereinigungen, Mentorenfunktionen übernehmen. So konnte Dansky (1996) zeigen, dass auch solch ein Gruppenmentoring mit erreichter Position und Gehaltshöhe korreliert ist.

Die Forschung zur Frage, warum überhaupt Mentoren bereit sind, Protegés zu fördern, steht erst am Anfang. Mullen und Noe (1999) stellen heraus, dass Protegés Informationsquelle für ihre Mentoren sein können. Ragins und Scandura (1999) fanden, dass die Bereitschaft zum Mentoring (naheliegenderweise) von wahrgenommenen Kosten und Nutzen abhängt und dass diese Wahrnehmung wiederum mit den zurückliegenden eigenen Erfahrungen des Mentors als (vormaliger) Protegé korreliert. Die Autoren interpretieren dies als Beleg dafür, dass Mentoring ein „intergenerativer Prozess" sei, dass also die Bereitschaft zum Mentoring über Generationen weitergegeben werde.

Die Integration oder Sozialisation neuer Mitarbeiterinnen und Mitarbeiter kann eine ganze Reihe von bemerkenswerten Auswirkungen auf die anderen Beschäftigten haben, was beim Mentoring besonders deutlich wird. Beispielsweise kann der eigene Karriereerfolg neu reflektiert werden, die Frage, ob man selbst gerecht behandelt wurde oder wird (z.B. hinsichtlich der Bezahlung) kann neu gestellt werden oder die eigene Stellung in der Organisation und der „Marktwert" können einem bewusst werden.

Abschließend sei angemerkt, dass sich der ein oder andere mit dem Begriff „Protegé" schwertut und daher die alternative Bezeichnung „Mentee" kreiert wurde.

4.8 Coaching und Supervision

Coaching und Supervision sind zwei Beratungsansätze, die ihren Ursprung nicht im Bereich der Integration neuer Mitarbeiterinnen und Mitarbeiter haben, aber auch auf diesen Kontext angewendet werden. Es handelt sich um beratende Ansätze, die nach dem Einstieg in eine Organisation oder bei der Übernahme einer neuen Position zum Einsatz kommen können.

> *Coaching* ist ein begleitender Beratungsprozess bei dem die ergebnisorientierte Problem- und Selbstreflexion im Vordergrund steht und systematisch gefördert wird (Rauen, 2014).

Das zentrale Merkmal des Coachings ist die Beratung des Klienten bei der Entwicklung und Umsetzung eigener Zielsetzungen und Lösungsansätze; ein Coach unterbreitet also keine eigenen Lösungsvorschläge. Dieses grundlegende Vorgehen wird in verschiedenen Varianten angeboten. Beim Einzelcoaching wird eine einzelne Person beraten. Im beruflichen Kontext geht es dabei um die Förderung von Lernprozessen, um Leistungsverbesserung, die Entwicklung von Handlungsstrategien zur Zielerreichung oder die Erhöhung der Zufriedenheit (Bluckert, 2006). Beim Gruppencoaching liegt der Schwerpunkt auf der Entwicklung bestehender Arbeitsgruppen; Ziele sind zumeist die Verbesserung von Motivation, Kommunikation und Kooperation (siehe auch Abschnitt 4.10).

Eine typische Zielgruppe des Coachings sind Führungskräfte. Zentrale Merkmale eines Führungskräftecoachings sind (nach Peterson, 2011): (1) Eine Eins-zu-eins-Beziehung zwischen Coach und Führungskraft, die (2) auf einem Mindestmaß an Vertrauen, Verstehen und Beziehungsqualität basiert, (3) methodisch fundiert ist, (4) von einem professionellen Coach durchgeführt wird, (5) im Rahmen mehrerer aufeinander folgender Sitzungen stattfindet, (6) sowohl individuelle als auch organisationale Ziele verfolgt, (7) auf den Coachee individuell abgestimmt ist und (8) die Fähigkeit zu Lernen und Weiterentwicklung auf selbstbestimmte Art und Weise verbessern soll.

Coaching kann die Integration von Führungskräften bzw. die Integration neuer Mitarbeiterinnen und Mitarbeiter in eine Führungsposition begleiten. Beispielsweise kann die Übernahme der Leitung eines Projekts mit einem Coaching verbunden sein. Aber auch extern rekrutierte Führungskräfte könnten durch Coaching-Maßnahmen unterstützt werden, wenn sie sich schnell an eine neue Organisationskultur gewöhnen müssen und spezifische Probleme „erben", mit denen sie bei existierenden Teams, die sie übernehmen sollen, vom ersten Arbeitstag an konfrontiert werden. Beispiele hierfür können frustrierte Teammitglieder sein, die selbst erwartet hatten, die Führungsposition übernehmen zu können, oder problematische Normen, z.B. der Leistungszurückhaltung. Während lange Zeit schlicht galt, dass eine Führungskraft das eben aushalten müsse und ansonsten auch nicht ihre Position verdient habe, gibt es mittlerweile auch Beispiele dafür, dass neue Führungskräfte von Beginn an durch Coaching-Maßnahmen unterstützt werden. Die zentrale Herausforderung für das Human Resource Management besteht dann darin, für diese Führungskräfte Maßnahmen so zu entwickeln oder zu ermöglichen, dass sowohl die erforderliche Diskretion gewahrt wird, als auch Coaches als Gesprächspartner „auf Augenhöhe" zur Verfügung stehen.

Neuerdings etabliert sich in der Praxis das sogenannte „Onboarding-Coaching", welches einen internen Einarbeitungsprozess mit einem externen Coaching verbindet. Mit dem Onboarding-Coaching soll eine Führungskraft schnell in die Organisation integriert und auf die neue Führungsaufgabe vorbereitet werden (siehe das Beispiel im Kasten).

Beispiel: Onboarding-Coaching

In der Probezeit einer neuen Position hat sich nicht nur bei Outplacement-Klienten die Begleitung durch einen professionellen Coach als wirkungsvoll erwiesen, den beruflichen Neustart unbeschadet und somit erfolgreich in eine unbefristete Festanstellung münden zu lassen. Ein solches Onboarding-Coaching in dieser sensiblen Phase der beruflichen Transition beinhaltet mit jeweils individueller Schwerpunktsetzung Themen wie die Vorbereitung von Antrittsreden, Mitarbeiter- und Vorgesetztengesprächen sowie deren Auswertung. Die Klienten werden dabei unterstützt, neben den formalen und formellen Anforderungen auch die informellen Beziehungen und Rollen zu reflektieren und zu berücksichtigen. Teamdiagnostische Verfahren kommen dabei regelmäßig zum Einsatz (z.B. Belbin, 1981). Die Klienten werden u.a. dazu angeregt, unter Beachtung der Unternehmensstrategie konkrete Vereinbarungen mit ihren Vorgesetzten und ggf. Mitarbeitern zu treffen, zu priorisieren und in operative Ziele zu überführen. Ein Erkennen des Machtgefüges der Organisation hilft, sich im Rahmen dessen aktiv zu positionieren und Ziele leichtgängiger zu erreichen.

Quelle: U. Wind, Wirtschaftspsychologische Beratung und Dienste, persönliche Mitteilung

Coaching erfreut sich in der Managementberatung einer großen Beliebtheit. In einer Metaanalyse zur Wirkung von Coaching konnten positive Effekte hinsichtlich Fertigkeiten und Leistung, dem Wohlbefinden, Einstellungen (z.B. Arbeitszufriedenheit, Commitment, Karrierezufriedenheit), Bewältigung von Anforderungen und Stressoren sowie Selbst-Regulation festgestellt werden (Theeboom, Beersma & van Vianen, 2013). Da diese auch als Ziele einer gelungenen Integration bezeichnet werden können, sollte Coaching ein erfolgsversprechender Ansatzpunkt zur Integration sein.

Unter *Supervision* versteht man einen personenorientierten Beratungsansatz, der vor allem in sozialpädagogischen und therapeutischen Berufen angewendet wird. Im Rahmen einer Supervision wird das eigene berufliche Handeln auf Grundlage von Fallbeispielen aus dem beruflichen Alltag reflektiert, wobei die Interaktion zwischen Beschäftigten und Klienten im Vordergrund steht.

Das Instrument der Supervision findet aber auch in der Beratung von Führungskräften zunehmend Einsatz, wobei insbesondere die Interaktion mit den Mitarbeiterinnen und Mitarbeitern thematisiert wird. Im Vergleich zum Coaching fokussiert Supervision eher die Reflexion des eigenen beruflichen Handelns, während Coaching lösungsorientierter ausgerichtet ist.

Traditionell werden Supervisionen durch *externe Supervisoren* durchgeführt. Dies erklärt sich durch die Herkunft der Methode aus dem Gebiet der sozialen Berufe (z.B. Jugendhilfe, Pflegetätigkeiten). Es geht um die Reflexion der Professionalität des eigenen beruflichen Handelns. Die Integration in eine Organisation spielt eigentlich keine Rolle, allenfalls im Sinne des Gestaltens der eigenen beruflichen Identität. Insbesondere in größeren Organisationen kommen aber auch *interne Supervisoren* zum Einsatz, die über die notwendige Qualifikation verfügen und zudem Einblick in die Organisation haben. Die Supervisoren leiten die Sitzungen mit einzelnen Beschäftigten oder Gruppen, welche auch hier als Zielsetzung die Reflexion und Verbesserung des beruflichen Handelns haben. Dieses Vorgehen soll den Supervidierten helfen, ihr eigenes berufliches Handeln realistisch einzuschätzen und weiterzuentwickeln. Bei der internen Supervision sind die Supervisoren beim selben Arbeitgeber beschäftigt, kennen somit zentrale Werte und Ziele der Organisation und können diese im Beratungsprozess berücksichtigen. Daher kann die interne Supervision eine Klärung der gegenseitigen Erwartungen von Beschäftigten und Arbeitgeber fördern. Durch die Klärung des Rollenverständnisses fördert die interne Supervision die Integration neuer Mitarbeiterinnen und Mitarbeiter in die Organisation.

Die Supervision kann in folgenden Formen vorkommen: Bei der Einzel-Supervision wird das berufliche Handeln unter vier Augen besprochen. Eine Gruppen-Supervision bietet sich für Personen mit demselben beruflichen Umfeld an, sodass alle eine fachliche Hilfestellung bei der Fallarbeit leisten können. Bei einer

Peer-Supervision findet die Supervision im Kollegenkreis statt, indem sich Kollegen auf Grundlage ihrer beruflichen Erfahrungen bei der Reflexion und Bearbeitung von Fällen gegenseitig unterstützen. Neue Mitarbeiterinnen und Mitarbeiter könnten in bestehende Gesprächskreise aufgenommen werden oder im Rahmen einer Einzel-Supervision einen fachlichen Paten erhalten, bei dem es sich um einen fachlich erfahrenen Kollegen handelt, der neue Mitarbeiterinnen und Mitarbeiter bei der Reflexion ihres beruflichen Handelns am neuen Arbeitsplatz unterstützt. Man könnte auch von einer kollegialen (Fall-)Beratung sprechen, da zwar die generelle Vorgehensweise jener einer Supervision entspricht, allerdings kein methodisch ausgebildeter Supervisor die Leitung der Sitzungen übernimmt.

Coaching, Supervision oder auch das im vorherigen Abschnitt beschriebene Mentoring kommen vor allem bei der Integration und Begleitung von Führungskräften zum Einsatz. Standardisierte Programme sind oft nicht einsetzbar, da die Herausforderungen für Führungskräfte zu verschieden sind. Die Anforderungen an eine Führungskraft werden beispielsweise maßgeblich dadurch bestimmt, woher die Führungskraft kommt. Handelt es sich um eine interne Besetzung aus der Organisation oder gar der Arbeitsgruppe? Oder wurde die Führungskraft auf dem externen Arbeitsmarkt rekrutiert bzw. gezielt abgeworben? Kennt sie die Branche oder ist sie hier ein Neuling? Eine Führungskraft von außerhalb muss sich erst einmal mit der Kultur in der Organisation vertraut machen, insbesondere den dort herrschenden ungeschriebenen Gesetzen und Spielregeln. Auch wenn sie möglicherweise in die Organisation geholt wurde, um Dinge zu verändern, ist es doch ratsam, dass sie sich erst ein Bild von der Situation in der Organisation und der Belegschaft macht, bevor sie handelt. Aktionismus, der durch den von Beginn an erlebten Bewährungsdruck ausgelöst werden kann, stößt nicht selten auf Widerstand, und aufgrund von Fehlinterpretationen kann es zu voreiligen und falschen Entscheidungen kommen (Korver, 2016).

Eine neue Führungsposition anzutreten ist auch, oder vielleicht gerade, für reife Führungskräfte eine persönliche Herausforderung. Das Onboarding gelingt daher nicht selten erst dann, wenn die Führungskraft bereit ist, ihre alten Rollenmuster aufzugeben (Korver, 2016). Dies zu reflektieren oder gespiegelt zu bekommen, ist die Voraussetzung für die Entwicklung des eigenen Selbstverständnisses der Führungskraft und somit die Grundlage ihres individuellen Führungsstils. Daher sollten Onboarding-Maßnahmen für Führungskräfte im Rahmen von Mentoring, Coaching und Supervision genau hier ansetzen.

4.9 Trainee-Programme

Trainee-Programme sind Einarbeitungsmaßnahmen für Gruppen von neuen Mitarbeiterinnen und Mitarbeitern, die didaktischen Prinzipien folgen, durch einen geplanten Wechsel zwischen verschiedenen Tätigkeitsfeldern gekennzeichnet sind und durch begleitende Weiterbildungsmaßnahmen ergänzt werden (Ferring & Staufenbiel, 1993). Es handelt sich dabei im deutschsprachigen Raum um einen stehenden Begriff für Programme, die für Hochschulabsolventen, insbesondere aus den Wirtschaftswissenschaften, konzipiert werden. Der prinzipielle Kontrast zur Einarbeitung durch Trainee-Programme ist der Direkteinstieg, der dafür steht, dass die betreffende Person in einem bestimmten Aufgabenbereich beginnt und dann auch Mitglied dieser Abteilung und der entsprechenden Arbeitsgruppe wird.

Trainee-Programme erstrecken sich über 6 bis 24 Monate. Den Programmen liegt ein systematisches Ausbildungsprogramm zugrunde, welches in der Regel einen geplanten Wechsel zwischen Abteilungen und Positionen innerhalb der Organisation vorsieht. Die Ausbildung am Arbeitsplatz wird durch begleitende Weiterbildungsmaßnahmen ergänzt, um die Trainees z. B. auf zukünftige Führungsaufgaben vorzubereiten. Während des Programms werden den Trainees zumeist Mentoren zur Seite gestellt und die Vernetzung in der Organisation wird durch Veranstaltungen gefördert. Durch das Trainee-Programm lernen die Trainees die Organisation umfassend kennen und erhalten Einblick in unterschiedliche Arbeitsbereiche. Daher sind Trainee-Programme in der Regel funktions- und bereichsübergreifend ausgelegt (siehe das Beispiel im Kasten).

Beispiel: Das Trainee Programme Acceleration der BMW Group

Das Programm auf einen Blick:

<table>
<tr><th>Kernelemente</th><th>Zusatzelemente</th><th>Weitere Inhalte</th></tr>
<tr><td>6 Monate
Job-Rotation vor Ort</td><td rowspan="4">1 Woche in der Produktion
1 Woche in einer Vertriebsniederlassung des Unternehmens
Aufenthalt in einer Kundenservice-Abteilung</td><td rowspan="4">Mentoring und Coaching
Gemeinsame Teamprojekte für alle Trainees
Networking, z. B. abteilungsübergreifende Events, Kaminabende
Kurse in der Trainings-akademie der BMW Group</td></tr>
<tr><td>3 Monate
Auslandsaufenthalt</td></tr>
<tr><td>6 Monate
Job-Rotation vor Ort</td></tr>
<tr><td>3 Monate
Auslandsaufenthalt
(anderer BMW-Standort)</td></tr>
<tr><td colspan="3">Abschluss nach 18 Monaten</td></tr>
</table>

Quelle: In Anlehnung an https://www.bmwgroup.jobs/de/en/students/entry-programmes/trainee-programme.html, im Original in englischer Sprache (abgerufen am 22.06.2023)

Trainee-Programme haben unterschiedliche Ziele. Grundsätzlich sollen sie den Bestand an qualifiziertem Personal für die Organisation sichern, das mit den Prozessen und der Kultur des Unternehmens vertraut ist. In diesem Sinne fördern

Trainee-Programme die Identifikation mit der und Bindung an die Organisation. Die interne Ausbildung von zukünftigen Führungskräften soll Fehlbesetzungen mit externen Bewerbern entgegenwirken. Zudem fördern Trainee-Programme das Image und die Attraktivität der Organisation.

Mittlerweile ist eine ganze Reihe von Varianten an Trainee-Programmen eingeführt worden (siehe Tabelle 7). Die gezielten Tätigkeitswechsel (Job-Rotation) haben sich vor allem dann als wirksam gezeigt, wenn sie für die Trainees zu einer raschen „Anreicherung" von Berufserfahrung führen (Campion, Cheraskin & Stevens, 1994).

Tabelle 7: Grundstrukturen von Trainee-Programmen (nach Thom & Giesen, 1998)

Variante	Merkmale
Klassisches ressortübergreifendes Trainee-Programm	• überwiegend standardisierte Informations- und Orientierungsphasen in allen relevanten Ressorts • „learning by doing" mit keiner oder teilweiser Aufgabenverantwortung
Ressortübergreifendes Trainee-Programm mit Fachausbildungsphase	• überwiegend Informationen und Orientierung in der meist standardisierten Grundausbildungsphase in ausgewählten Ressorts • intensives „learning by doing" mit teilweiser oder voller Aufgabenverantwortung in der Fachausbildungsphase
Ressortbegrenztes Trainee-Programm mit Vertiefungsphase	• Grundausbildungsphase in einem Ressort • individuelle Vertiefungsphase in einem Aufgabenbereich mit hoher Aufgabenverantwortung
Projektorientiertes Trainee-Programm	• sternförmiges Kennenlernen der Organisation im Rahmen der Projektarbeit (großes Projekt als Lernbasis) • verantwortliche Mitarbeit in Projekten von Beginn an • teilweise Ergänzung des Praxistrainings durch Informationsaufenthalte in geeigneten Organisationsbereichen
Individuelles, flexibles Trainee-Programm	• variable Abfolge der Ausbildungsstationen in Abstimmung mit Trainees und Fachabteilungen • fach- oder ressortbezogene Konzentration auf wenige Ausbildungsstationen • hohes Maß an Freiräumen und Eigenverantwortung

In der Praxis findet sich gelegentlich die These, Trainees seien vor allem „teure Lehrlinge". Dies drückt die Akzeptanzprobleme aus, die gegenüber Personen existieren, die diverse Sonderbehandlungen erfahren; zugleich aber sind Trainee-Programme üblicherweise einer kleinen Gruppe von besonders qualifizierten Nachwuchskräften vorbehalten, die besonders rasch und gezielt auf Führungsaufgaben vorbereitet werden sollen, daher werden sie oft auch als „High Potentials" bezeichnet. Trainee-Programme sind insofern auch – zumindest traditionell – besondere

Karriereentwicklungssysteme, die auf „fast track“ setzen. Solche „Fast-track“-Programme können mit Risiken verbunden sein. So wurde beispielsweise sogar die These vertreten, es würden teilweise eigens künstliche Projekte ins Leben gerufen, nur um den Trainees Gelegenheit zur Selbstdarstellung zu geben (Larsen, 1997).

Der Begriff des Trainee-Programms ist rechtlich nicht geschützt; Organisationen könnten demnach grundsätzlich nach Belieben jeden Einstiegsjob als Trainee-Programm bezeichnen. Um Bewerbern die Orientierung zu erleichtern, wird seit einigen Jahren eine Auszeichnung für besonders karriereförderliche und faire Trainee-Programme vergeben (siehe https://www.absolventa.de/karriereguide/trainee-wissen/traineeprogramm). Im Zuge dieses Qualitätssiegels wurde auch eine Charta karrierefördernder und fairer Trainee-Programme verabschiedet (siehe Kasten).

Charta karrierefördernder und fairer Trainee-Programme

- Trainee-Programme sind elementarer Bestandteil des Talent- und Nachfolgemanagements unseres Unternehmens und auf eine langfristige Zusammenarbeit in einer Experten- oder Managementfunktion ausgerichtet.
- Trainees übernehmen bei uns von Beginn an verantwortungsvolle Aufgaben und werden dabei von erfahrenen Führungskräften unterstützt.
- Trainees durchlaufen während unserer Programme mehrere Unternehmensbereiche, absolvieren Lernmaßnahmen (z.B. Auslandsaufenthalte, Fach- und Verhaltenstrainings) und sind aktiver Bestandteil unseres Netzwerks.
- Vergütung und Dauer stehen in einem sinnvollen Verhältnis zu den Lerninhalten und Entwicklungszielen unserer Trainee-Programme.
- Wir stellen die Qualität unserer Trainee-Programme durch interne und externe Evaluationsmaßnahmen sicher.

Quelle: https://ap-verlag.de/anzahl-fairer-trainee-programme-steigt/23967 (abgerufen am 22.06.2023)

4.10 Teamentwicklung

Teams spielen eine prägende Rolle in modernen Organisationen (Hollenbeck & Jamieson, 2015). Vor allem im Bereich wissensintensiver Tätigkeitsfelder gewinnt Teamarbeit immer mehr an Bedeutung (Roth, 2007). Gute Beziehungen zu Kolleginnen und Kollegen im Team tragen zu intrinsischer Motivation und Leistungsbereitschaft bei, stärken die wahrgenommene Passung von Person und Arbeitsplatz und helfen neuen Mitarbeiterinnen und Mitarbeitern, wertvolle Netzwerke aufzubauen. So können die Aufgabenbewältigung unterstützt und die persönliche Weiterentwicklung gefördert werden (Schreiner & Schmid, 2015).

Morrison (2002) konnte zeigen, dass Neulinge in eng geflochtenen sozialen Netzwerken im direkten Arbeitsumfeld höhere Rollenklarheit aufwiesen und bessere Aufgabenbewältigung zeigten als Personen, die in eher losen Netzwerken starteten. Je größer die Netzwerke zudem waren, desto mehr Wissen über Regeln, Normen und Abläufe erwarben die neuen Mitarbeiterinnen und Mitarbeiter. Ähnliche Effekte berichtet Jokisaari (2013) in einer Studie mit 231 Mitarbeitern in drei finnischen Stadtverwaltungen. Neulinge, die eher lose Beziehungen über Abteilungsgrenzen hinweg aufgebaut hatten, arbeiteten sich schneller und effektiver ein als jene in Gruppen, die durch enge Vernetzung gekennzeichnet waren. Ein Erklärungsansatz für dieses Phänomen ist, dass Personen aus derselben Gruppe potenziell mehr redundante Informationen austauschen als Personen aus verschiedenen Bereichen der Organisation, wodurch Lernprozesse gehemmt werden (Burt, 1992; Granovetter, 1973). Teamarbeit ist also kein Selbstläufer für die erfolgreiche Integration, auch wenn die Vorteile (Rollenklärung, Commitment, Aufgabenklarheit) zu überwiegen scheinen. Daher sprechen die Ergebnisse für die Etablierung von Maßnahmen zur Teamentwicklung, um neuen Mitarbeiterinnen und Mitarbeitern den Einstieg in die Organisation zu erleichtern.

Teamentwicklung zielt darauf ab, neu zusammengestellte Teams zu voller Leistungskraft zu bringen, die Arbeitsweisen bestehender Teams zu optimieren oder im Falle einer Störung das Team wieder zu voller Leistungsfähigkeit zurückzuführen (Comelli, 1995).

Teamentwicklung ist im Idealfall ein schrittweiser Prozess, der bei der Problemdefinition beginnt, eine Teamdiagnose beinhaltet, woraus Maßnahmen zur Verbesserung der Teamarbeit abgeleitet werden, die am Ende des Prozesses auf ihre Wirksamkeit überprüft werden (Kauffeld, 2004).

Für die erfolgreiche Integration neuer Teammitglieder ist nach West (1996) ein hohes Maß an Teamreflexivität bedeutsam. Teamreflexivität besteht aus zwei Komponenten: Eine hohe *Aufgabenreflexivität* liegt vor, wenn im Team Ziele und Arbeitsstrategien regelmäßig aufeinander abgestimmt werden, eine hohe *soziale Reflexivität* zeichnet sich dadurch aus, dass Konflikte aktiv gelöst werden, Kollegen sich in Engpasssituationen unterstützen und Teammitglieder Wissen aktiv teilen. Wenn beide Komponenten hoch sind, spricht West (2004) vom „voll funktionsfähigen Team“, das in der Lage ist, eine hohe Teamleistung zu erbringen, Wohlbefinden der Teammitglieder zu sichern und die Lebensdauer eines Teams zu verlängern. Hoch reflexive Teams sind somit aus zwei Gründen für Neulinge von Vorteil. Erstens werden Aufgaben, Ziele und Strategien regelmäßig thematisiert und damit wichtige Informationen für die Einarbeitung (i. S. v. „so machen wir das hier“) zur Verfügung gestellt. Zweitens wird der Umgang der Teammitglieder untereinander regelmäßig auf den Prüfstand gestellt und liefert wichtige Erkenntnisse über das soziale Miteinander (i. S. v. „so gehen wir miteinander um“) im Team.

Wann ist also der bestmögliche Zeitpunkt für Teamentwicklungsmaßnahmen im Kontext des Onboardings? Vieles spricht dafür, bereits vor der Aufnahme neuer Teammitglieder Teamentwicklung zu betreiben – erfolgreich entwickelte Teams verfügen in der Regel über ein Set von Eigenschaften, die für die Orientierung neuer Mitarbeiterinnen und Mitarbeiter von Bedeutung sind. Dazu gehören nach van Dick und West (2013) eine ausformulierte Teamvision, Teamziele und messbare Leistungskriterien. Eine *Teamvision* klärt über die langfristigen Ziele des Teams, dessen Rolle im Gesamtkontext der Organisation sowie dessen Bedeutung im Wertschöpfungsprozess auf. Klar definierte Ziele und damit verknüpfte Leistungskriterien machen Anforderungen an die Arbeitsleistung des Einzelnen und des Teams als Einheit sichtbar und nachvollziehbar. Ein ausdifferenziertes Rollenverständnis beugt Konflikten vor und hilft den Neulingen, sich im Team zu integrieren. Schließlich zeichnen sich besonders erfolgreiche Teams auch durch einen hohen Teamzusammenhalt und entsprechend weniger Konfliktpotenzial aus (Mullen & Copper, 1994). Dies bietet den Neulingen die Chance, in ein funktionierendes Team hineinzuwachsen.

Die Aufnahme eines neuen Teammitglieds kann allerdings auch erst Anlass für Teamentwicklungsmaßnahmen sein. Beispielsweise können Regeln und Normen (neu) definiert, ein gemeinsames Werteverständnis entwickelt, Ziele festgelegt und Aufgaben geklärt werden. Auf diese Weise bietet sich für die neuen Mitarbeiterinnen und Mitarbeiter die Möglichkeit, sich im Team einzubringen, das Team und dessen Mitglieder kennenzulernen und ein Gefühl von Zugehörigkeit zu entwickeln.

Welche Art von Teamentwicklungsmaßnahmen sind zu empfehlen? Um dieser Frage auf den Grund zu gehen, bieten diagnostische Instrumente geeignete Anhaltspunkte. Für die Praxis liegen eine Reihe validierter Fragebögen zur Teamdiagnose vor, die als Basis für zielgerichtete Maßnahmen der Teamentwicklung eingesetzt werden können. Es gibt zwei gängige Instrumente, deren theoretisches Fundament die Theorie der Teamreflexivität (West, 1996) bildet. Das *Teamklima-Inventar* (TKI; Brodbeck, Anderson & West, 2000) behandelt die Themenschwerpunkte Teameffektivität und Innovation anhand von 44 Fragen. Der *Fragebogen zur Arbeit im Team* (FAT; Kauffeld, 2004) misst anhand von 24 Items vier Faktoren effektiver Teamarbeit. Wenn sich etwa abzeichnet, dass ein Team im Bereich aufgabenbezogener Faktoren (Zielorientierung und Aufgabenbewältigung) Schwächen aufweist, sollten die Schwerpunkte der Teamentwicklung gemeinsame Zielsetzungen, Aufgaben und Rollen sein. Hier ist beispielsweise die *ProMES-Methode* (Pritchard, Weaver & Ashwood, 2012; Roth & Moser, 2005, 2009) ein passendes Instrument (siehe das Beispiel im Kasten).

Leistungsmanagement als Teamentwicklungsmaßnahme

Ein Team von Datenanalysten des Marktforschungsunternehmens GfK suchte händeringend nach einer Lösung für einen Teamkonflikt. Weder ein Teamcoaching noch Teambuildingmaßnahmen hatten zur Entspannung beitragen können. Eine Teamdiagnose mit dem FAT zeigte, dass neben personenbezogenen Facetten vor allem aufgabenbezogene Komponenten der Teamarbeit als verbesserungswürdig gesehen wurden. Die Einführung des Managementsystems ProMES, bei dem eine Teamvision kreiert wird, Aufgaben (neu) definiert werden, Indikatoren zur Messung der Zielerreichung etabliert werden und ein regelmäßiger Feedbackprozess in Gang gesetzt wird, verbesserte die Teamproduktivität und führte zur Entspannung des Konflikts. Für neue Teammitglieder bot zudem das System eine hilfreiche Orientierung im Einarbeitungsprozess – die Anforderungen an die Leistung des Teams waren nun klar definiert und die Prioritäten eindeutig festgelegt (Roth, 2007; Roth & Moser, 2005, 2009).

„Die Entwicklung aussagekräftiger Leistungskriterien im Team war ein wichtiger Schritt für die Entwicklung unseres Teams", so der damalige Teamleiter und heutige Division Manager Jens Bosselmann, „jeder Mitarbeiter ist dadurch in der Lage, neuen Kollegen die wesentlichen Anforderungen und Aufgaben unseres Teams zu vermitteln. Heute ist unser Team international aufgestellt und auch personell deutlich gewachsen. Viele Leistungsindikatoren nutzen wir noch heute, um unsere Arbeitsweise regelmäßig zu reflektieren und zu verbessern." (J. Bosselmann, persönliche Mitteilung, 26. 07. 2016)

Ergibt eine Diagnose, dass die Schwächen des Teams weniger im Bereich der Arbeitsleistung als vielmehr im Bereich der personenbezogenen Komponenten Zusammenhalt und Verantwortungsübernahme zu finden sind, bietet *Teambuilding* eine gute Chance, um die Beziehungen innerhalb des Teams zu reaktivieren, neu zu knüpfen bzw. zu festigen. Wenn die Diagnose allerdings zeigt, dass das Team einen hohen Entwicklungsgrad aufweist und weder aufgaben- noch personenbezogene Schwächen hat, sind die Voraussetzungen für eine erfolgreiche Integration sehr gut und es bedarf keiner speziellen Maßnahme, die das ganze Team betrifft. In einer solchen Situation könnte ein „Buddy-Konzept" eingesetzt werden (siehe Abschnitt 4.6). Designierte Ansprechpartner „navigieren" in den ersten Wochen den Neuling vom „naiven Outsider" zum „effektiven Insider" (Klein, Polin & Leigh Sutton, 2015, S. 265). „Teampaten" können also gezielt auf Schwierigkeiten in der Startphase, sei es im Bereich aufgabenspezifischer oder personenspezifischer Themen, eingehen und neue Mitglieder auf dem Weg zum vollwertigen Teammitglied unterstützen.

In diesem Buch wurde vor allem die Integration einzelner neuer Mitarbeiterinnen und Mitarbeiter betrachtet. Selbst Teamentwicklungsmaßnahmen zielen auf kleine Zahlen von Mitarbeitern ab. Die Herausforderung der Integration einer *größeren Zahl* von Mitarbeitern ergibt sich nicht nur bei schnell wachsenden Organisationen oder bei einem schnellen „Durchgang" durch die Organisation, etwa bei einer Freiwilligenarmee mit kurzen Dienstzeiten, sondern auch beim Erwerb von Unternehmen oder beim Zusammenschluss und damit dann der Notwendigkeit, bestehende soziale Einheiten in neue Einheiten zu integrieren. Auch Standortverlagerungen können entsprechende Konsequenzen haben, also zur Notwendigkeit der Integration großer Zahlen neuer Mitarbeiterinnen und Mitarbeiter führen (siehe das Beispiel im Kasten).

Beispiel: Chinesische Unternehmen in Afrika

In den letzten Jahren haben chinesische Unternehmen damit begonnen, Produktionsanlagen in afrikanische Länder zu verlagern, weil ihnen die Lohnkosten in China zu schnell gestiegen sind. Einige haben dabei auch – für westliche Vorstellungen eher gewöhnungsbedürftige – Methoden zur Integration in den neuen Kontinent mitgenommen, beispielsweise morgendliche Appelle, zu denen alle Beschäftigten anzutreten haben.

Eine besondere Situation der Integration sind Unternehmenszusammenschlüsse und -übernahmen. Aus Sicht der neuen Organisation sind die Beschäftigten des anderen bzw. bisherigen Unternehmens, also sogar ganze Teams oder größere Organisationseinheiten, „neue" Mitarbeiterinnen und Mitarbeiter. Dabei zeigt sich nun allerdings, dass die Integration durch Kolleginnen und Kollegen, etwa die Möglichkeit zur Beobachtung und gemeinsame soziale Aktivitäten im Kollegenkreis, nicht die ansonsten eher positiven Effekte erwarten lässt (Yalabik, 2013). Wenn alle Kolleginnen und Kollegen die gleichen verunsichernden Erfahrungen machen, dann tragen die entsprechenden Kontakte gerade nicht dazu bei, Ängste und Stress zu reduzieren. Jedenfalls fand Yalabik (2013), dass intensivere Kontakte mit geringerem organisationalem Commitment einhergingen.

Einmal mehr zeigt dieses Beispiel, dass man Methoden zur Integration neuer Mitarbeiterinnen und Mitarbeiter nicht schematisch anwenden sollte, sondern dass es erforderlich ist, ein Verständnis dafür zu entwickeln, warum sie hilfreich sind bzw. wie sie wirken. Allerdings muss man an dieser Stelle auch anmerken, dass über die Integration ganzer Teams oder gar Organisationseinheiten bisher nur sehr wenig bekannt ist.

4.11 Social Media und die Integration neuer Beschäftigter

„Verfolgen Sie das Ziel, dass neue Mitarbeiter schnell ihr Potenzial entfalten und sich in die Unternehmenskultur integrieren? Dann setzen Sie auf soziale Medien: Stellen Sie ihnen die Kommunikationsmedien zur Verfügung, die sie bereits außerhalb der Arbeit nutzen" (Willyerd, 2012).

Wenn Studentinnen und Studenten heute gefragt werden, wie sie sich auf den ersten Tag an der Universität vorbereitet haben, werden viele berichten, dass sie sich auf verschiedenen Kanälen ein soziales Netzwerk aufgebaut haben. Sie werden bereits im Vorfeld eine Reihe ihrer neuen Kommilitoninnen und Kommilitonen in sozialen Netzwerken kennengelernt haben, wissen wo die Veranstaltungen laufen, die es sich lohnt zu besuchen und wo die besten Erstsemesterpartys stattfinden. Die typische Kommunikation in mittelständischen Unternehmen im Vorfeld des ersten Arbeitstags ist auch heute noch ein E-Mail-Kontakt mit der Personalabteilung und im Bestfall mit der neuen Führungskraft. Das ist verwunderlich, denn der aktuellen Content-Marketing-Trendstudie (Statista, 2022) zufolge nutzen 96 % aller befragten B2C-Organisationen sowie 97 % aller befragten B2B-Organisationen Social Media für das Content-Marketing. Ebenso gewinnt die Nutzung sozialer Medien in der Personalbeschaffung an Bedeutung. Wie die Studie Recruiting Trends 2020 zeigt, verdoppelte sich von 2019 auf 2020 die Anzahl an Unternehmen, die Social Media strategisch für das Recruiting neuer Beschäftigter einsetzen (Weitzel et al., 2020). Sucht man hingegen nach Studien, welche die Verwendung von sozialen Netzwerken während des Onboarding-Prozesses thematisieren, so findet man bislang kaum Erkenntnisse. Während der Einsatz sozialer Netzwerke im Content-Marketing und Recruiting einen immer größeren Stellenwert einnimmt, scheint das Thema Social Media im Onboarding noch nicht angekommen zu sein.

Was ist überhaupt mit Social Media gemeint? Kaplan und Haenlein (2010) haben ein Kategorienschema für soziale Medien entwickelt, das eine Orientierung ermöglicht. Folgende Kategorien sind für die Integration neuer Mitarbeiterinnen und Mitarbeiter relevant, da sie neues (und bestehendes) Personal unterstützen, Wissen zu erwerben, Fähigkeiten zu entwickeln und Verhaltensweisen kennenzulernen, die für eine effektive Einarbeitung nützlich sind:
- Kollektivprojekte (z. B. Wikis),
- Blogs und Mikroblogs (z. B. Twitter),
- Content Communities (z. B. YouTube) und
- Soziale Netzwerke (z. B. Facebook).
- Hinzu kommen Instant-Messaging-Dienste (z. B. WhatsApp).

Beispielsweise erörtern Seibert, Preuss und Rauer (2011) unternehmensinterne Wikis als wichtiges Instrument für die erfolgreiche Einarbeitung von Beschäftigten. Ein spezieller Bereich für Neulinge im Firmenwiki „unterstützt das sogenannte Onboarding signifikant und hilft, dass neue Mitarbeiter schneller auf Touren kommen und produktiv arbeiten können“ (S. 43 ff.). Wikis unterstützen Wissensaustausch, Wissensmanagement und sichern das Wissen ausscheidender Arbeitnehmerinnen und Arbeitnehmer (Calero Valdez et al., 2016). Für neue Beschäftigte ist nicht nur die Verfügbarkeit von Wissen in internen Wikis relevant. Über Blogs und Mikroblogs erfahren sie zeitnah Neuigkeiten aus der Organisation. In sozialen Netzwerken knüpfen sie Kontakte über Abteilungsgrenzen hinweg und lernen die Kommunikationskultur kennen. In Content Communities werden Lerninhalte, z. B. der Umgang mit organisationsspezifischer Software, bereitgestellt und regelmäßig aktualisiert.

Um neuen Beschäftigten bereits vor dem ersten Arbeitstag einen Einblick in die Organisation zu ermöglichen, kommen Onboarding-Portale infrage (Calero Valdez et al., 2016). Hier treffen neue und bestehende Kolleginnen und Kollegen aufeinander, erhalten firmeninterne Neuigkeiten und haben Zugriff auf Wissensdatenbanken. Die Zielsetzungen dieser Portale sind Kontakte herstellen, Informationen teilen, Beziehungen aufbauen und wertvolle Hinweise der früheren „Neuen“ zur Verfügung zu stellen.

Instant Messaging (IM) hat im Zuge der Corona-Pandemie massiv an Bedeutung gewonnen. Wo früher noch private WhatsApp-Gruppen an der Schnittstelle von Privat- und Berufsleben herhalten mussten, sind heute Instant-Messaging-Dienste wie MS Teams, Workplace oder Slack nicht mehr aus dem Organisationsalltag wegzudenken. Im Onboarding gewinnen diese Dienste massiv an Bedeutung, bieten sie doch eine Möglichkeit, neue Teammitglieder schon vor dem ersten Arbeitstag in den betrieblichen Alltag zu integrieren.

Die Akzeptanz sozialer Medien und die Wahrnehmung, ob diese als störend für den Arbeitsprozess empfunden werden, hängen nach Calero Valdez et al. (2016) von verschiedenen Faktoren ab. Neben generischen Anforderungen wie Benutzerfreundlichkeit und Unterstützung im Arbeitsprozess sind „Chatiquette“ (etwa die inflationäre Verwendung von Abkürzungen oder Emoticons) und der Schutz personenbezogener Daten wichtige Aspekte für die Anwender. Je jünger die Anwender jedoch sind und je mehr Erfahrung sie mit sozialen Medien bereits im privaten Kontext haben, desto weniger bedeutsam sind diese Aspekte für deren Nutzungsbereitschaft.

Seit einigen Jahren ist für das (digitale) Onboarding in der Zeit zwischen Arbeitsplatzzusage und erstem Arbeitstag der Begriff „Pre-Onboarding“ in Mode gekommen. Hierzu wird allerdings auch die bequeme Abwicklung administrativer Fragen gezählt, etwa das Ausfüllen von Formularen, um schon ab dem ersten Arbeitstag zum Beispiel funktionierende Zugangsberechtigungen zu Büros oder Kantinen, E-Mail-Konten oder Cloud-Servern erhalten zu können.

Abschließend sei darauf hingewiesen, dass sich neben dem potenziellen Nutzen von Social Media auch typische Herausforderungen genau dieser Anwendungen ergeben können. Inhalte von Social Media können durch Organisationen nur schwer kontrolliert werden. Beispielsweise wurde über die Plattform YouTube ein Video „Der Arbeitsalltag von Wirtschaftsingenieuren bei der Lufthansa Technik AG“ mit Inhalten verbreitet, die nicht auf ihre Aktualität und damit Glaubwürdigkeit kontrolliert wurden. In dem Video wurde u.a. auf die Unfallfreiheit der Lufthansa verwiesen, und das Video war auch noch etliche Monate nach dem Absturz eines Flugzeugs der Lufthansa im März 2015 zugänglich. Die nur begrenzte Kontrollierbarkeit der Inhalte solcher Plattformen und insbesondere des Austauschs zwischen den Nutzern über die Inhalte und deren Aktualität und Glaubwürdigkeit kann schnell zu einem Risiko werden, beispielsweise zu einem Imageschaden führen.

4.12 Monetäre Anreize

Mit monetären Anreizen verbindet man auf den ersten Blick eher Aspekte der Motivation oder allenfalls Bindung von Beschäftigten. Bei genauerer Betrachtung können einige Vergütungspraktiken aber auch Bestandteile der Integration bzw. deren Förderung sein. Genauer gesagt: Die Höhe der Bezahlung kann dazu beitragen, dass Beschäftigungsverhältnisse überhaupt begonnen werden, dass diese fortgesetzt und dass sie mit einem hohen Engagement ausgefüllt werden.

Geld oder geldwerte Vorteile können bereits zum Einsatz kommen, um Individuen dazu zu bringen, überhaupt eine Tätigkeit aufzunehmen. Hierzu zählen Einmalprämien für die Unterschrift unter einen Arbeitsvertrag, die bei erheblichen Problemen, einen Arbeitsplatz zu besetzen, gelegentlich zum Einsatz kommen. Andere Beispiele sind Sondervereinbarungen wie die Bezahlung von Ausbildungskosten (bei einem dualen Studium), einer Coaching-Maßnahme oder großzügige Nebentätigkeitsgenehmigungen.

Auch die Aufrechterhaltung bzw. Fortsetzung von Beschäftigungsverhältnissen kann durch finanzielle Maßnahmen beeinflusst werden. So zeigt sich, dass die Höhe der Ausbildungsvergütung ein wesentlicher Faktor der vorzeitigen Auflösung von Ausbildungsverträgen ist (Kropp, Danek, Purz, Dietrich & Fritzsche, 2014). Weitere Beispiele sind Differenzierungen in der Bezahlung, die von der Betriebszugehörigkeit abhängen, wie z. B. die automatische Neueinstufung von Angestellten im Öffentlichen Dienst nach einem Jahr Betriebszugehörigkeit oder die Verbeamtung nach einer Bewährungsfrist. Differenzierungen werden auch oft bei Ansprüchen auf Sozialleistungen eingeführt, dass diese also z. B. erst nach einer gewissen Dauer der Betriebszugehörigkeit gewährt werden. Eine weitere Bindung wird auch durch solche Verfahrensweisen angestrebt, bei denen eventuelle Vorteile „verfallen“, wenn die Organisationszugehörigkeit beendet wird. Beispielsweise können Ansprüche auf Betriebsrenten verfallen, der Firmenwagen muss (natürlich) zurückgegeben werden oder vom Unternehmen gewährte verbilligte Kredite müssen abgelöst werden.

Schließlich lässt sich auch fragen, ob durch monetäre Anreize die Integration neuer Mitarbeiter beschleunigt oder qualitativ verbessert werden kann. Hier lassen sich tatsächlich Beispiele finden: Wenn bestimmte Qualifikationsstufen (z. B. Lehrjahre), Lernerfolge (z. B. organisationsspezifische Zertifikate) oder Leistungen bzw. Karriereschritte erreicht werden, werden diese durch Gehaltsanpassungen entlohnt.

Um die Wirkung bestimmter Formen von Bezahlung auf Integrationsprozesse besser beurteilen zu können, sollten die drei wesentlichen Funktionen von Bezahlung beachtet werden: Der instrumentelle Wert, der Feedbackcharakter und die Signalwirkung. Der *instrumentelle Wert* besteht darin, dass man Geld für eine Vielzahl anderer Dinge eintauschen kann, die für einen wertvoll sind. (Genau dieser instrumentelle Wert kann bei manchen Sozialleistungen nicht gegeben sein, wenn beispielsweise Jobtickets angeboten werden, der Wohnort des Mitarbeiters aber so schlecht angebunden ist, dass der öffentliche Personennahverkehr (ÖPNV) nicht nutzbar ist.) Der *Feedbackaspekt* hebt insbesondere darauf ab, dass die Klarheit (z. B. über Anforderungen, den eigenen Leistungsstand) verbessert wird. Drittens schließlich hat Bezahlung eine *Signalwirkung* sowohl für die Beschäftigten selbst als auch für die Umgebung. Werden z. B. Praktikanten gut bezahlt, dann trägt dies dazu bei, dass ihnen selbst signalisiert wird, dass ihre Arbeit wertgeschätzt wird und sie nach Ende des Praktikums mit einem Übernahmeangebot rechnen können, es macht aber auch der Umgebung deutlich, dass sie den Praktikanten und dessen Arbeitsergebnisse ernst zu nehmen hat. Darüber hinaus können auch organisationskulturelle Merkmale signalisiert werden, beispielsweise Großzügigkeit oder Vertrauen in Neulinge. Nunmehr kann auch deutlich gemacht werden, dass bei Sozialleistungen nicht nur der instrumentelle Wert, sondern auch die Signalfunktion zu bedenken ist. So können sich Organisationen mit eigener Kita, mit Jobtickets oder mit einem Fitnessstudio als familienfreundlich, umweltbewusst oder gesundheitsorientiert darstellen.

Wie sind vor dem Hintergrund der Wirkung von Feedback nun leistungsabhängige Formen der Entlohnung im Hinblick auf die Förderung der Integration neuer Mitarbeiterinnen und Mitarbeiter einzuschätzen? Zwei generell wichtige Effekte flexibler Formen der Entlohnung sind Attraktions- und Selektionseffekte, auch als „Sortierwirkung“ bezeichnet. Zum einen wird also die Organisation für bestimmte Menschen attraktiver, sie werden sich eher bewerben, und zum anderen werden insbesondere diejenigen, die weniger gute Leistungen zeigen bzw. Ergebnisse erzielen, eher dazu gebracht, die Organisation zu verlassen. Man könnte es auch so formulieren, dass eher die „richtigen“ Mitarbeiterinnen und Mitarbeiter integriert werden. Diese eher positiven Wirkungen von leistungsabhängiger Entlohnung müssen gegenüber den negativen Wirkungen abgewogen werden. Hierzu können ein vermehrter Wettbewerb unter den Beschäftigten, der zu Lasten von kooperativem Verhalten geht, oder kontraproduktives Verhalten gehören, wenn z. B. die Ergebnisse von anderen als die „eigenen“ dargestellt werden.

Variable Vergütungskomponenten, die an individuelle oder auch teambezogene Ziele geknüpft werden, können die Aufgabenklarheit und Zielorientierung neuer Mitarbeiterinnen und Mitarbeiter begünstigen. Der Neuling „tauscht“ also seine Leistung, z. B. durch Erreichung von Zielen, gegen eine individuell attraktive Belohnung ein. Dabei wird die motivierende Wirkung von Zielen (Locke & Latham, 1990) genutzt: Hohe, erreichbare und spezifisch formulierte Ziele sorgen für einen engen Aufmerksamkeitsfokus, der Neuling investiert also in solche Aktivitäten, die eher zur Zielerreichung beitragen. Gerade in der Anfangsphase einer neuen Tätigkeit ist ein Fokus auf die wesentlichen Handlungsfelder hilfreich, um Orientierung zu schaffen und Komplexität zu reduzieren.

Wenn im Zuge des Wettbewerbs um hochqualifizierte Nachwuchskräfte den neuen Mitarbeiterinnen und Mitarbeitern eine deutlich bessere Entlohnung oder attraktivere Gehaltsmodelle angeboten werden als anderen Beschäftigten, wirkt sich dies womöglich negativ auf deren Motivation aus. Diese werden wohl nicht gleich kündigen, aber ihre Unzufriedenheit kann sich in geringerer Produktivität, Verweigerungshaltung gegenüber Überstunden sowie einer gewissen Skepsis gegenüber den frisch rekrutierten Kolleginnen und Kollegen ausdrücken. „Sie werden wahrscheinlich kein unethisches Verhalten an den Tag legen, aber sie werden wohl kaum etwas tun, um den neuen Mitarbeitern die Integration zu erleichtern" (Ashby & Pell, 2001, S. 195). Ein Fallbeispiel zum Zusammenspiel von Bezahlung und Fairness findet sich im folgenden Kasten.

Fallbeispiel: Southwest Airlines

Southwest Airlines hat den Wert „Fairness" fest in seiner Unternehmensphilosophie verankert. Dieser Wert drückt sich im Entlohnungssystem aus. Aus einer Studie von Proctor (1999, zit. nach Gerhart & Rynes, 2003) geht hervor, dass die Einstiegsgehälter für Piloten bei Southwest Airlines vergleichsweise hoch sind (36.132 $ vs. 29.576 $ im Branchendurchschnitt des Jahres 2001), während die Maximalgehälter vergleichsweise gering ausfallen (143.508 $ vs. 198.396 $ im Branchendurchschnitt des Jahres 2001). Southwest verfolgt damit das Ziel, dass langjährige Beschäftigte nicht „abheben" und sich nicht zu schade sind, auch vorbereitende Arbeiten (Aufräumen, Organisieren) am Boden zu unterstützen, damit möglichst kurze Standzeiten eingehalten werden. Der Zusammenhalt unter den Kolleginnen und Kollegen (und damit auch die Integration von Neulingen) solle aufgrund der Wahrnehmung von Fairness gefördert werden.

Man könnte nun annehmen, dass in der Folge Senior-Piloten aufgrund attraktiverer Angebote von Wettbewerbern häufiger abwandern als im Branchenvergleich. Dies ist aber offensichtlich nicht der Fall. Die Airline erklärt sich dies aufgrund eines dreistufigen Bezahlsystems: Festgehalt, Unternehmensanteile (Stock Options) und leistungsbezogene Entlohnung für geflogene Meilen. Je besser das Unternehmen sich entwickelt und je effizienter die Prozesse am Boden ablaufen, desto großzügiger der Gehaltsscheck. Dieses „Gesamtpaket" in Verbindung mit einer transparenten Unternehmenskultur trägt offenbar zur langfristigen Bindung von Mitarbeiterinnen und Mitarbeitern bei Southwest Airlines bei.

Erneut ist zudem zu bedenken, welche Ziele man mit dem Onboarding verfolgt. So liegt es nahe zu vermuten, dass die Förderung des affektiven Commitments (siehe Abschnitt 2.3) durch variable Vergütung weniger beeinflussbar ist, sie könnte aber eine Rolle spielen, wenn proaktives Verhalten (siehe Abschnitt 5.2) anerkannt werden soll. Zudem ist zu erwarten, dass es eher ein strukturelles Commitment ist, das durch bestimmte Entlohnungspraktiken gefördert wird. (Menschen mit hohem strukturellen Commitment fühlen sich deshalb an eine Organisation gebunden, weil sie keine attraktiveren Alternativen haben oder weil sie Verluste insbes. monetärer Art befürchten.) Ob daran überhaupt ein nennenswertes Interesse besteht, hängt vor allem davon ab, welche allgemeinen strategischen Ziele Organisationen verfolgen (siehe „Die Rolle der strategischen Positionierung der Organisation“ in Abschnitt 4.13).

4.13 Zwischenfazit: Integration im Kontext

Kapitel 4 gibt einen Eindruck von der Vielfalt an Methoden und Maßnahmen zur Integration neuer Mitarbeiterinnen und Mitarbeiter. Wie sind diese nun einzuordnen und zu bewerten? Wie wir in Kapitel 3 ausgeführt haben, hängt die Antwort hierauf davon ab, welche Ziele denn mit der Integration verfolgt werden. Ein erstes übergreifendes Modell unterscheidet drei Ziele (Informieren, Willkommen heißen, Begleiten). Natürlich kann man in einem übergreifenden Sinne sagen, dass es darum geht, möglichst gut integrierte Mitarbeiterinnen und Mitarbeiter zu haben. Diese Perspektive nimmt ein weiterer bekannter typologischer Ansatz ein, der danach fragt, welche übergreifenden Merkmale Sozialisationstaktiken haben, die zu Sozialisationserfolg führen. Zudem sind die Methoden auch nicht immer gleich wirksam und angemessen, weshalb zum Abschluss einige Überlegungen zur Rolle der Strategie der Organisation und der strategischen Bedeutung der jeweiligen zu besetzenden Positionen angestellt werden.

Das Inform-Welcome-Guide (IWG)-Modell

Ein erster Vorschlag zur Einordnung der Vielfalt an Methoden und Ansätzen zur Förderung der Integration ist das Inform-Welcome-Guide (IWG)-Modell nach Klein und Heuser (2008), das in Abbildung 12 im Überblick dargestellt ist.

Nach diesem Modell lassen sich Methoden und Ansätze des Onboardings dahingehend einordnen, welche der drei folgenden zentralen Ziele bzw. Funktionen angestrebt werden:

1. *Informieren:* Informationen zum Arbeitsplatz und zur Organisationskultur werden bereits vor dem ersten Arbeitstag im Rahmen informeller Rekrutierung (Abschnitt 4.2) und durch eine realistische Tätigkeitsvorschau (Abschnitt 4.1) bereitgestellt. In den ersten Wochen haben der fachliche Austausch mit Vorgesetzten (Abschnitt 4.3) und Teammitgliedern (Abschnitt 4.4) in einem ungestörten Rahmen, Einführungsprogramme (Abschnitt 4.5) und Teamentwicklung (Abschnitt 4.10) wichtige Informationsfunktionen. Auch die Bereitstellung von Materialien und Unterlagen einschließlich eines voll funktionsfähigen Arbeitsplatzes gehören in diesen Bereich. On-the-job-Training im Rahmen von Trainee-Programmen (Abschnitt 4.9) spielt hier ebenfalls eine wichtige Rolle.

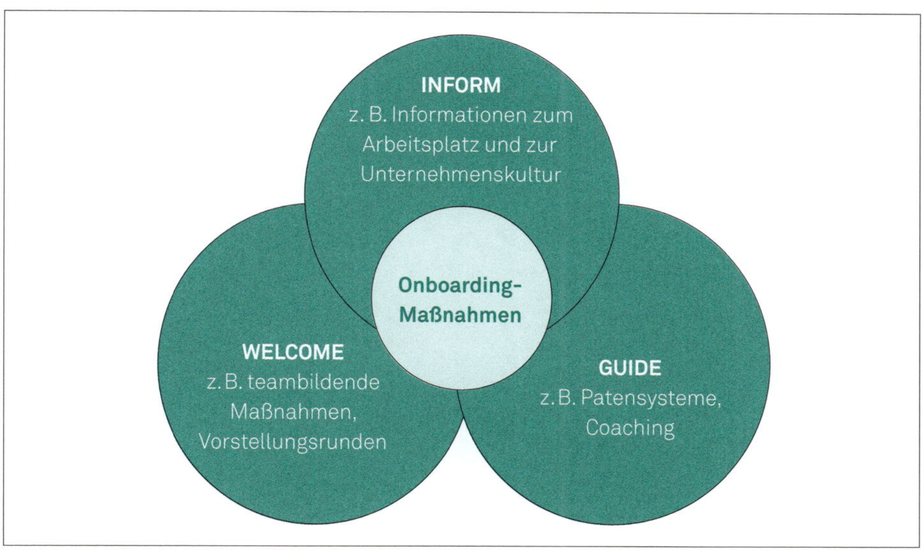

Abbildung 12: Onboarding-Maßnahmen des Inform-Welcome-Guide-Modells (in Anlehnung an Klein & Heuser, 2008)

2. *Willkommen heißen:* Dazu gehören etwa informelle Vorstellungsrunden im Arbeitsteam oder die Erwähnung des Neulings im internen Firmennewsletter. Eine Willkommensfunktion haben nicht zuletzt teambildende Maßnahmen im Rahmen der Teamentwicklung (Abschnitt 4.10) oder die Aufnahme in Social Media-Gruppen (WhatsApp-Gruppen, interne Chats; Abschnitt 4.11).
3. *Begleiten:* Hierzu zählen Coaching und Supervision (Abschnitt 4.8), Mentoring (Abschnitt 4.7), Patensysteme (Abschnitt 4.6) und der Ansatz, dem Neuling einen Buddy, also eine andere Person „auf Augenhöhe", zur Seite zu stellen (vgl. Abbildung 13). Sowohl die Onboarding-Checkliste auf der beiliegenden Karte als auch der Interviewleitfaden im Anhang verwenden das IWG-Modell, um die Vielzahl möglicher Onboarding-Maßnahmen zu strukturieren.

Klein et al. (2015) befragten 373 neue Mitarbeiterinnen und Mitarbeiter in 10 Organisationen nach ihren Erfahrungen mit den jeweiligen Onboarding-Programmen. Als besonders nützlich wurden Einzelgespräche mit Führungskräften, Einarbeitung am Arbeitsplatz sowie die Unterstützung durch einen Buddy während der Onboarding-Phase wahrgenommen. Besonders wirkungsvoll hinsichtlich eines erfolgreichen Onboardings sind Klein et al. (2015) zufolge solche Integrationsprogramme, die Methoden auf allen drei Ebenen des IWG-Modells aufgreifen.

Institutionalisierung als Lösung des Integrationsproblems?

Die bisherigen Kapitel haben gezeigt, dass es eine Vielzahl von Ansätzen gibt, die Integration zu fördern. Ein Systematisierungsansatz von Van Maanen (1978; Van

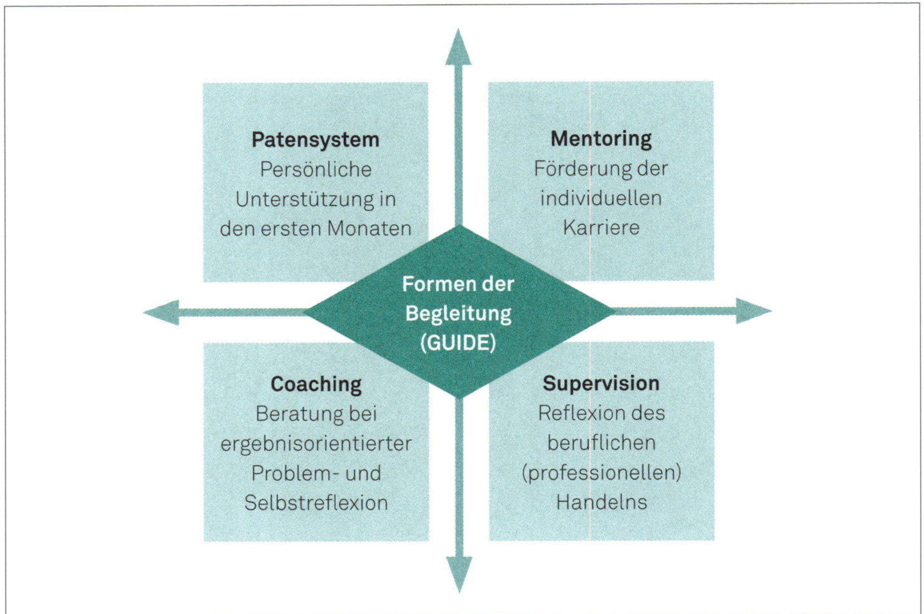

Abbildung 13: Formen der Begleitung (GUIDE)

Maanen & Schein, 1979), in dem verschiedene Sozialisationstaktiken zu typologisieren versucht wurden (siehe Tabelle 8), soll nun vorgestellt werden, auch wenn, wie bereits mehrfach betont, das Gebiet der Integration neuer Mitarbeiterinnen und Mitarbeiter damit nicht völlig deckungsgleich ist.

Eine übergreifende Gruppierung besteht darin, institutionalisierte Sozialisationstaktiken zu definieren (kollektiv, formell, sequenziell, fixiert, seriell und weiterentwickelnd), die *positive Auswirkungen* auf den Sozialisationserfolg haben (Saks et al., 2007). Die naheliegende Erklärung dafür, warum institutionalisierte Sozialisationstaktiken diese positive Wirkung haben, ist deren Beitrag zur Reduzierung von Unsicherheit (Van Maanen & Schein, 1979). Etwas genauer kann man diesen Prozess verstehen, wenn man annimmt, dass die Rollenklarheit zunimmt, was wiederum die angemessene Erfüllung von Arbeitsaufgaben bzw. die Leistungserbringung erleichtern sollte (vgl. Abschnitt 2.4). Diese Annahme wird durch die Ergebnisse einer Studie von Lapointe, Vandenberghe und Boudrias (2014) gestützt, wonach die verbesserte Rollenklarheit zum Eindruck beiträgt, die erforderliche Leistung bei der Arbeit erbringen zu können. Daneben aber haben institutionalisierte Sozialisationstaktiken eine zweite wichtige Funktion, sie unterstützen nämlich den Anpassungsprozess, indem vertrauensvolle Beziehungen zu Kolleginnen und Kollegen sowie zu den Vorgesetzten aufgebaut werden, die wiederum zur Verstärkung von affektivem Commitment zur Organisation beitragen (Lapointe et al., 2014).

Tabelle 8: Eine Typologie von Sozialisationstaktiken (nach Van Maanen, 1978)

Formell	**Informell**
Das Ausmaß, in dem das Umfeld, in dem sozialisiert wird, vom üblichen Arbeitskontext getrennt ist und der Umfang, in dem die Rolle als Neuling hervorgehoben und explizit gemacht wird.	Das Ausmaß, in dem es keine genaue Differenzierung von anderen Organisationsmitgliedern gibt und in dem Lernen innerhalb der arbeitsalltäglichen sozialen und aufgabenbezogenen Netzwerke stattfindet.
Individuell	**Kollektiv**
Das Ausmaß, in dem Individuen einzeln (individuell) sozialisiert werden.	Das Ausmaß, in dem Individuen kollektiv sozialisiert werden (in einer Art „Massenproduktion“).
Sequenziell	**Zufällig**
Das Ausmaß, in dem die Übergangsprozesse durch eine Folge diskreter und identifizierbarer Stufen gekennzeichnet sind, die ein Individuum durchlaufen muss, um definierte(n) Rolle und Status innerhalb der Organisation zu erreichen.	Das Ausmaß, in dem die Sozialisationsprozesse in einer Übergangsphase abgeschlossen werden.
Fixiert	**Variabel**
Das Ausmaß, in dem präzise mitgeteilt wird, wie lange es dauern wird, bis ein bestimmter Schritt abgeschlossen ist.	Das Ausmaß, in dem im Voraus keine genauen Aussagen zu dem Übergangszeitplan gemacht werden.
Seriell	**Disjunktiv**
Das Ausmaß, in dem erfahrene Organisationsmitglieder Neulinge auf ähnliche Rollen in der Organisation einstimmen.	Das Ausmaß, in dem Neulinge keine Vorgänger haben, in deren Fußstapfen sie treten können.
Weiterentwickelnd („investiture“)	**Neuentwickelnd („divestiture“)**
Das Ausmaß, in dem der Sozialisationsprozess an das anknüpft, was die Person bereits mitbringt, und in dem die anfängliche Identität des Neulings bestätigt wird.	Das Ausmaß, in dem der Sozialisationsprozess die Eigenschaften und die anfängliche Identität des Neulings infrage stellt.

Nach Jones (1986) gehen institutionalisierte Sozialisationstaktiken mit weniger Rollenambiguität, Rollenkonflikt und Fluktuationsneigung sowie höherer Arbeitszufriedenheit und organisationalem Commitment einher, während individualisierte Sozialisationstaktiken mit Rolleninnovationen korreliert sind (vgl. auch Ashforth & Saks, 1996; Baker, 1992; Black & Ashford, 1995). Inwiefern bestimmte Sozialisationstaktiken zu einer besseren Passung von Individuum und Organisation führen, wurde von Cable und Parsons (2001) untersucht. Sie fanden, dass sowohl die subjektive Passung als auch Veränderungen von Werthaltungen eher mit sequenziellen und fixierten (vs. variablen und zufälligen) sowie seriellen und weiterentwickelnden (vs. disjunktiven und neuentwickelnden) Taktiken einhergingen. Noch wenig geklärt ist das Verhältnis von Rolleninnovation und organisationalem Commitment. Institutionalisierte Sozialisationstaktiken scheinen nämlich einerseits organisationales Commitment zu fördern, andererseits aber vermutlich eher zu weniger innovativem Verhalten zu führen, während individualisierte Sozialisationstaktiken, wie bereits erwähnt, mit Rolleninnovationen einhergehen.

Die Rolle der strategischen Positionierung der Organisation

Organisationen können eine Vielzahl von Strategien verfolgen. Diese Strategien zu bündeln und sie in Beziehung zu angemessenen HRM-Maßnahmen zu setzen, ist eine bedeutsame Herausforderung und in den letzten Jahrzehnten unter der Bezeichnung „Strategisches Human Resource Management" bekannt geworden. Auch wenn es gewisse Belege dafür gibt, dass *generell* erfolgreichere Organisationen professionelleres Human Resource Management betreiben (Becker, Huselid & Ulrich, 2001), wozu auch der Aufwand für Integration und Training neuer Mitarbeiterinnen und Mitarbeiter zählt, so ist doch auch die Frage gestellt worden, ob der Sinn und die Wirksamkeit von Maßnahmen nicht von der strategischen Ausrichtung der Organisationen abhängt.

Bereits in ihrer Typologie von Sozialisationstaktiken nehmen Van Maanen und Schein (1979) an, dass je nach Art von Sozialisationstaktik die Beschäftigten unterschiedliche Formen von „Kreativität" entwickeln. Das Ziel eines eher konventionellen Vorgehens bestehe in einer Akzeptanz des *Status quo,* das Ziel der organisationalen Sozialisation ist, die vorgegebene Rolle möglichst gut auszufüllen. Beispiele hierfür sind Maßnahmen für Soldaten und Fließbandarbeiter. Die entsprechenden Sozialisationsprozesse sind typischerweise kollektiv, formell, sequenziell, variabel, seriell und neuentwickelnd. Die zweite Variante eines Ziels organisationaler Sozialisation nennen Van Maanen und Schein (1979) *Inhaltsinnovation.* Hier wird den Neulingen zugestanden bzw. es wird von ihnen erwartet, dass sie zwar Verfahrensweisen und Methoden beeinflussen und verändern können, nicht aber die Kerninhalte der Tätigkeiten. Als Beispiele sind Krankenschwestern oder Medizintechniker zu nennen. Die entsprechenden Sozialisationsprozesse sind kollektiv, formell, zufällig, fixiert, disjunktiv und weiterentwickelnd. Die dritte Variante zielt auf *Rolleninnovation* ab. Wesentliches Element und Ergebnis der Sozialisation ist, dass neue Mitarbeiterinnen und Mitarbeiter den Kern ihrer Arbeitsaufgabe verändern können. In Organisationen, die vor allem Forschung und Entwicklung betreiben oder in der Managementberatung tätig sind, sind entsprechende Sozialisationstaktiken anzutreffen. Der entsprechende Prozess ist typischerweise individuell, informell, zufällig, variabel, disjunktiv und weiterentwickelnd. Weiterführend haben Baker und Feldman (1991) vorgeschlagen, Konfigurationen von Sozialisationstaktiken mit den Wettbewerbsstrategien von Organisationen (vgl. Schuler & Jackson, 1987) zu verknüpfen. Die Wettbewerbsstrategie „Kostenreduktion" zielt auf Konformität, die Strategie „Qualitätsverbesserung" auf Inhaltsinnovation und die Strategie „Innovation" auf Rolleninnovation der Neulinge ab.

Nach solchen Überlegungen müssten sich das HRM insgesamt und somit auch die Methoden zur Integration an der Strategie der Organisation ausrichten. Tatsächlich aber nutzen viele Organisationen gleichzeitig unterschiedliche Systeme, sie behandeln die Beschäftigten unterschiedlich. Dem liegt die Überlegung zugrunde, dass selbst bei gegebener klarer Strategie die verschiedenen Aufgaben in Organisationen in unterschiedlichem Ausmaß strategierelevant sind. Auch in einer hoch innovativen Organisation muss jemand penibel die Buchführung machen oder die Toiletten reinigen. Eine beispielhafte Unterscheidung ist diejenige von Commitment- und sekundären Arbeitssystemen (Siebert & Zubanov, 2009). In Commitment-Systemen wird viel Wert auf die Auswahl, die Karriereentwicklung und die Rekrutierung aus den eigenen Reihen gelegt, während sekundäre Arbeitssysteme, auch schlicht Kontrollsysteme genannt, darauf abzielen, nach Bedarf extern zu rekrutieren und wenig in die Entwicklung der Beschäftigten zu investieren.

Normalerweise wird man davon auszugehen haben, dass Fluktuation ein Indikator für misslungene Integration darstellt. Sie ist auch nicht im Sinne der Organisation, weil sie Verlust von Humankapital bedeutet und weil Kosten für die Neurekrutierung oder verlorene Kundenaufträge resultieren. Dies bedeutet aber keineswegs, dass das Vermeiden von Fluktuation „alternativlos" ist. Tatsächlich würde dies unterstellen, dass keine Fehlentscheidungen möglich bzw. dass diese ohne großen Aufwand korrigierbar sind. Zumindest dort, wo Leistungsunterschiede zwischen Beschäftigten gut erkennbar und relevanter sind als der eventuelle Verlust von Know-how oder der (geringe) Aufwand für Separierung und Neurekrutierung, könnte sogar vermutet werden, dass es einen kurvilinearen Zusammenhang zwischen Fluktuation und Produktivität gibt. Diese Überlegungen lagen einer Studie zugrunde, in der Fluktuation und Produktivität an verschiedenen Standorten einer Einzelhandelskette untersucht wurden. Was sich dort allerdings zeigte, das ist die Notwendigkeit, eine deutliche Unterscheidung von zwei Gruppen von Verkäufern vorzunehmen, der (kleineren) Gruppe von Vollzeitmitarbeitern und dem Rest der Teilzeitbeschäftigten. Während sich für die Vollzeitmitarbeiter, die man auch als Kernbelegschaft bezeichnen könnte und die verantwortungsvollere Aufgaben hatten, eine klare negative Beziehung zwischen Fluktuation und Produktivität zeigte, zeigte sich für die „Randbelegschaft" eine kurvilineare Beziehung. Problematisch war also sowohl eine sehr geringe Fluktuation, vermutlich weil sie Ausdruck unsanktionierter Leistungsschwächen war, als auch eine sehr hohe Fluktuation.

Insgesamt wird somit deutlich, dass in der Tat die strategische Ausrichtung der Organisation auch Konsequenzen für die Methoden zur Integration neuer Mitarbeiterinnen und Mitarbeiter hat. Darüber hinaus spielt aber auch die Bedeutung der Einzelnen für die Strategie eine Rolle. Diese Auffassung ist allerdings wiederum auch Ausdruck einer bestimmten Haltung gegenüber den Beschäftigten, nämlich diese letztlich für „unterschiedlich wertvoll“ zu halten und daher u. a. unterschiedlich viel in sie zu investieren. Ausdruck einer starken Kultur in einer Organisation kann hingegen auch sein, solche Unterschiede nicht zu machen, den Stellenwert jeder Tätigkeit in der Organisation zu betonen und den Beitrag, den jede und jeder leisten kann, hervorzuheben und anzuerkennen.

5 Ausblick

In diesem Kapitel sollen die Grenzen des Themas ausgelotet werden. Zunächst fragen wir, ob denn Integrationsmaßnahmen nur für neue Mitarbeiterinnen und Mitarbeiter von Bedeutung sind oder z. B. auch für jene, die längere Zeit abwesend waren und damit wieder „eingewöhnt" werden müssen. Zudem wird nochmals die Rolle des Neulings reflektiert, insbesondere die Frage, was passiert, wenn er bereit und fähig ist, einen ausgesprochen aktiven Part im Onboarding-Prozess einzunehmen. Und schließlich soll vor allzu großem Optimismus gewarnt werden: Selbstverständlich sind die vorgestellten Maßnahmen bedeutend und wirksam, aber sie können *nicht alles* heilen, was eine misslungene Personalauswahl eingebrockt hat.

5.1 Reintegration

Die Reintegration betrifft nicht Mitarbeiterinnen und Mitarbeiter, die neu in die Organisation eintreten, sondern solche, die nach längerer Abwesenheit wiederkehren. Dies ist der Fall z. B. nach einer Auslandsentsendung, Elternzeit, Pflege von Angehörigen oder längerer Krankheit. Die Vorbereitung der Rückkehr in die Organisation umfasst dabei vor allem ein Rückkehrgespräch, in welchem die Erwartungen von Individuum und Organisation abgeglichen werden. Dies betrifft insbesondere den Abgleich der Karriereerwartungen mit verfügbaren Positionen innerhalb der Organisation oder Arbeitsinhalte, Arbeitszeiten und Fortbildungsmaßnahmen (siehe das Beispiel im Kasten).

Beispiel: Aufbau eines Rückkehrgesprächs nach Elternzeit

Nach der gemeinsamen Sichtung und Beurteilung des Protokolls des Planungsgesprächs vor der Abwesenheit werden die folgenden Punkte angesprochen und Vereinbarungen schriftlich festgehalten:

- Festlegen von Einsatzort und Arbeitszeiten bzw. Arbeitszeitverteilung
- Klärung und Festlegung des Fortbildungsbedarfs
- Festlegen von Einarbeitungsmodalitäten
- Planung des Jahresurlaubs und ggf. Resturlaubs

(aus dem „Leitfaden für den Wiedereinstieg nach Elternzeit/Beurlaubung und Pflege von Angehörigen am Universitätsklinikum Freiburg", abgerufen am 22.06.2023 unter https://www.uniklinik-freiburg.de/fileadmin/mediapool/10_andere/chancengleichheit/pdf/wiedereinstieg.pdf)

Interessanterweise können nach längerer Abwesenheit ähnliche Probleme auftreten wie bei einem Neueintritt in die Organisation. Beispielsweise kann es bei der Rückkehr aus dem Auslandseinsatz zu einem „Re-Entry Shock" kommen. Dieser Wiedereintrittsschock wird im Vergleich zum Kulturschock bei der Entsendung ins Ausland wenig beachtet, sollte aber durch Maßnahmen der Reintegration begleitet werden. Von Hirsch (2003) wird dazu ein Prozessmodell der Reintegration vorgestellt (siehe Tabelle 9).

Tabelle 9: Prozessmodell der Reintegration (nach Hirsch, 2003, S. 423)

	Phase A Naive Integration	Phase B Reintegrationsschock	Phase C Echte Integration
Merkmale	• Freundliches, oberflächliches Verstehen • Bereitwilligkeit und Offenheit für neue Erfahrungen • Allgemeiner Optimismus, Euphorie des „wieder zu Hause Seins"	• Erste Euphorie bröckelt ab. Man fühlt sich von den anderen Teammitgliedern nicht verstanden. • Der Freundeskreis ist nicht mehr vorhanden; alles hat sich verändert. • Rückzug in die Resignation; Überheblichkeit, Ärger, Unzufriedenheit; man fühlt sich nicht zu Hause.	• Aufbau realistischer Erwartungen • Anpassung ohne Selbstaufgabe • Erweiterung des Verhaltensspektrums und Wiedererkennen alter Verhaltensmuster
Zeitraum	Bis 6 Monate nach Rückkehr	Zwischen 6 und 12 Monate nach Rückkehr	Ab 12 Monate nach Rückkehr

Wenn man an dieser Stelle nochmals Kapitel 2 heranzieht, dann scheinen hier vor allem die Themen „Stress" (Abschnitt 2.5) und Lernen (Abschnitt 2.2) von Bedeutung zu sein. Bei anderen längeren Unterbrechungen, beispielsweise nach Elternzeit, findet hingegen meistens eine Beschränkung auf Orientierungsmaßnahmen (Abschnitt 4.5) statt (siehe das Beispiel „Aufbau eines Rückkehrgesprächs nach Elternzeit").

Bemerkenswert ist, dass die längeren Unterbrechungen keine sonstigen Effekte zu haben scheinen, jedenfalls werden diese nicht thematisiert. Beispielsweise kann man sich vorstellen, dass sich die Einstellungen zum Arbeitgeber, zur Karriere oder zur beruflichen Tätigkeit verändert haben. Vielleicht aber wird dies nur in der Organisation vermutet, woraus sich Widerstände gegen Entwicklungswünsche ergeben, obwohl die Beschäftigten reintegrationsbereit und -willig sind.

5.2 Proaktivität und Job Crafting

Neue Mitarbeiterinnen und Mitarbeiter sind nicht nur passive Rezipienten und schlimmstenfalls „Opfer" einer sie überwältigenden, fremden Umgebung. Bereits von Louis (1980) wurde postuliert, dass sie auch aus den Eindrücken ihrer neuen Umgebung Sinn konstruieren könnten und müssten. Seit den 1990er Jahren ist zunehmend mehr darüber bekannt, was unter einer solchen *proaktiven* Sichtweise von Individuen zu verstehen ist. Danach sind Neulinge nicht nur passiv, sondern „Akteure", die eigeninitiativ ihre Karriere gestalten. Zu ihren Strategien zählen unter anderem Informationssuche und -erwerb (Miller & Jablin, 1991; Ostroff & Kozlowski, 1992, 1993), Selbstmanagement (Saks & Ashforth, 1996), Networking (Ashford & Black, 1996; Wolff & Moser, 2009) oder das Aushandeln von Veränderungen am Arbeitsplatz (Ashford & Black, 1996). Proaktive Verhaltensweisen können somit als „positive Treiber" für die erfolgreiche Integration von Mitarbeitern bezeichnet werden (Klein et al., 2015). Es kann sich sogar zeigen, dass die Wirkung institutionalisierter Sozialisationstaktiken dann geringer ausfällt, wenn mehr proaktive Verhaltensweisen auftreten (Gruman, Saks & Zweig, 2006).

Proaktive Verhaltensweisen lassen sich in drei große Bereiche aufteilen (siehe Tabelle 10): Veränderung der Rolle bzw. der Umgebung, Veränderung der eigenen Person und beiderseitige Entwicklung (Cooper-Thomas & Burke, 2012). Gemeinsam ist diesen Verhaltensweisen, dass sie selbstinitiiert sind, dass sie die Zukunft fokussieren und dass sie veränderungsorientiert sind.

Tabelle 10: Ein Kategorienschema von proaktiven Verhaltensweisen (in Anlehnung an Cooper-Thomas & Burke, 2012, S. 57)

Veränderung der Rolle oder der Umgebung	Veränderung der eigenen Person	Beiderseitige Entwicklung
• Veränderung von Arbeitsabläufen/Minimieren von Erwartungen • Redefinition der Arbeitstätigkeit • Experimentieren/Grenzen testen • Verantwortung delegieren • Andere beeinflussen, etwas zu verändern • Die eigene Glaubwürdigkeit erhöhen, indem man Informationen und Ratschläge (weiter-)gibt	• Unmittelbares Fragen/Informationssuche • Feedbacksuche • Indirektes Fragen • Befragung von dritten Personen/Parteien • Beobachten (Monitoring) • Positives Framing • Zuhören • Andere nachahmen	• Eine Beziehung mit der Führungskraft aufbauen • Ressourcen austauschen • Über Veränderungen am Arbeitsplatz verhandeln • Networking • Allgemeine soziale Aktivitäten

Proaktivität wird in der psychologischen Forschung auch als Persönlichkeitsmerkmal konzipiert, das im Zusammenhang mit Offenheit für Erfahrungen, Gewissenhaftigkeit und Extraversion steht (de Vries, Wawoe & Holtrop, 2016). Das Ausmaß, in dem Neulinge eine proaktive Persönlichkeit haben, sollte die Passung zwischen individuellen und organisationalen Merkmalen beeinflussen (vgl. auch Abschnitt 2.3). Dabei sind es weniger persönliche Veränderungen, sondern eine bessere Passung wird dadurch erreicht, dass die Umwelt beeinflusst wird. Diese Einflussnahme geschieht zum einen dadurch, dass proaktive Persönlichkeiten eher solche Arbeitsumgebungen aufsuchen, die zu ihren persönlichen Werten passen, und zum anderen dadurch, dass sie tatsächlich Einfluss auf ihre Umgebung nehmen, wenn diese veränderungsbedürftig zu sein scheint. Dies erklärt auch, warum Parker und Collins (2010) *keinen* Zusammenhang zwischen proaktiver Persönlichkeit und Feedbacksuche fanden: Proaktiven Persönlichkeiten geht es *nicht* primär darum, das eigene Verhalten bzw. sich selbst zu verändern, sondern Einfluss auf die Umwelt zu nehmen. Bis auf Weiteres muss allerdings davon ausgegangen werden, dass proaktives Verhalten von Proaktivität als Persönlichkeitsmerkmal zu unterscheiden ist. Auch wenn es naheliegend sein mag, das Integrationsproblem dadurch zu lösen, dass man eben „proaktive Persönlichkeiten" einstellt, soll der Fokus darauf ausgerichtet werden, was proaktives *Verhalten* auszeichnet, was es bewirkt und wie man es bei neuen Beschäftigten fördern kann.

Ergänzend zum Konzept Proaktivität ist in den letzten Jahren das „Job Crafting" bekannt geworden. Auch dieses Konzept betont die aktive Rolle von Mitarbeiterinnen und Mitarbeitern.

Job Crafting beschreibt die individuelle Neigung zur Ressourcenmobilisierung und „die physischen und kognitiven Veränderungen der Aufgaben eines konkreten Arbeitsplatzes oder der relationalen Grenzen der Arbeit" (Wrzesniewski & Dutton, 2001, S. 179).

Individuen, die Job Crafting betreiben, definieren ihre Arbeit also neu. Dabei können etwa Anzahl, Umfang und Form der Aufgaben optimiert werden, wenn beispielsweise Servicepersonal eines Hotels ein Notizbuch führt, um Sonderwünsche von Stammkunden zu notieren. Kognitive Grenzen werden geändert, indem Arbeit aus einem anderen Blickwinkel betrachtet wird – so betrachtet etwa eine Reinigungskraft im Hotel ihren Job nicht mehr als reine Putztätigkeit, sondern sie verantwortet die Wohlfühlatmosphäre für Gäste und Kolleginnen. Schließlich werden die relationalen Grenzen der Arbeit neu definiert, wenn die Anzahl oder die Art der Interaktionen verändert werden (Grant & Parker, 2009), wenn also z. B. eine Mitarbeiterin an der Hotelrezeption eine Kollegin bittet, ihr nach einer schwierigen Auseinandersetzung mit einem unzufriedenen Kunden Feedback über ihr Verhalten in der betreffenden Situation zu geben.

Dies bedeutet, dass „Job Crafter" die Anforderungen ihres Arbeitsplatzes und die ihnen zur Verfügung stehenden arbeitsplatzbezogenen Ressourcen aktiv verändern, damit diese mit ihren Fähigkeiten, Präferenzen und Wünschen besser übereinstimmen. Veränderungen sind dabei auf drei Ebenen möglich: (1) Suche nach arbeitsplatzbezogenen Ressourcen, etwa durch das Einholen von Feedback, (2) Angehen neuer, herausfordernder Aufgaben, wie das Initiieren neuer Projekte sowie (3) die Optimierung von hinderlichen Anforderungen des Arbeitsplatzes, etwa durch die Etablierung neuer und „smarter" Arbeitsweisen und -techniken (Zhang & Parker, 2022).

Aktuelle Forschungsergebnisse lassen darauf schließen, dass Job Crafting positive Effekte auf die Arbeitszufriedenheit, das organisationale Commitment, das Arbeitsengagement sowie die Leistung hat (Demerouti & Bakker, 2014). Doch welche Bedeutung haben proaktive Verhaltensweisen wie das Job Crafting für die Integration *neuer* Mitarbeiterinnen und Mitarbeiter? Diese Frage lässt sich sowohl aus der Perspektive des Individuums als auch des organisationalen Umfelds stellen:

Bedeutung proaktiver Verhaltensweisen für die Integration

Individuum und Job Crafting

Erfolgreiche Integration zeichnet sich u. a. dadurch aus, dass Rollen und Aufgaben möglichst schnell klar definiert sind und die gewünschten Arbeitsergebnisse erzielt werden. „Job Crafter" erleichtern den Integrationsprozess proaktiv: Sie suchen nach Feedback bezüglich der eigenen Rolle, Aufgaben und Arbeitsergebnissen. Sie gleichen mögliche fehlende Übereinstimmungen („misfits") zwischen Person und Job schneller aus, indem sie eigene Strategien und Problemlösungen einsetzen, aktiv nach Feedback von Teammitgliedern und Führungskräften suchen und Anforderungen entsprechend den eigenen Fähigkeiten und Ressourcen regulieren. Einfach ausgedrückt, nehmen Job Crafter den Einarbeitungsprozess selbst in die Hand. Sie suchen aktiv nach relevanten Informationen und unterstützen somit den Einarbeitungsprozess.

Beispielsweise zeigten Kim, Cable und Kim (2005), dass neue Beschäftigte durch die proaktive Entwicklung starker Beziehungen zu ihrer Führungskraft die schwächere Ausprägung sonstiger Sozialisationstaktiken ausgleichen konnten. Allerdings bedarf es einer entsprechenden Organisationskultur, die solche Verhaltensweisen unterstützt.

Proaktive Unternehmenskulturen

Wenn Proaktivität ein wichtiger Bestandteil der Unternehmenskultur ist, also Neulinge Freiräume erhalten, ihren Arbeitsplatz selbstbestimmt zu verändern, existieren potenziell weniger Anpassungshürden. Es ist also erlaubt, bereits früher erlernte Aufgabenstrategien anzuwenden, ohne sich einer standardisierten Vorgehensweise „unterwerfen" zu müssen. Organisationen sollten Individuen dahingehend unterstützen und fördern, dass sie ihre Tätigkeiten so gestalten, dass diese besser zu ihnen und der Organisation passen (Demerouti & Bakker, 2014). Für neue Mitarbeiterinnen und Mitarbeiter mit wenig Berufserfahrung könnte eine solche Unternehmenskultur allerdings auch mit Startschwierigkeiten einhergehen. – Wenn die Leitplanken für den Einstieg fehlen und auch die relationalen Grenzen (i.S.v. „Wer spricht mit wem über was?") fließend sind, wird vor allem Erfahrungswissen benötigt. Auch hier kann aber proaktives Verhalten die Einarbeitung fördern, wenn z.B. aktiv nach Informationen gesucht bzw. gefragt wird, die für den erfolgreichen Start nützlich und hilfreich sind.

Beide hier dargestellten Perspektiven verdeutlichen am Beispiel des Job Crafting, dass Proaktivität keine einseitige Forderung an neues Personal sein darf. Auf organisationaler Ebene müssen auch Grundlagen geschaffen werden, um Proaktivität überhaupt möglich zu machen, etwa durch Trainings zum Job Crafting (Demerouti & Bakker, 2014) oder die Förderung von transformationalem Führungsverhalten (Berg, Dutton & Wrzesniewski, 2007). Transformationale Führungskräfte inspirieren und motivieren durch individuelle Wertschätzung und sinnstiftende Kommunikation. Sie können Proaktivität positiv beeinflussen (Belschak & Den Hartog, 2010; Strauss, Griffin & Rafferty, 2009). In der Personalauswahl sollte darauf geachtet werden, ein klares Vorstellungsbild von der Arbeitsweise in der Organisation zu vermitteln: Ist aktive Einflussnahme auf den eigenen Job gewünscht? Oder wird primär die Einhaltung von klar definierten und systematischen Standards erwartet? Solche Fragen sollten möglichst *vor* dem ersten Arbeitstag beantwortet werden. Ansonsten kann das „Onboarding" bei allzu viel Proaktivität schnell dazu führen, dass das Boot ins Schlingern kommt oder die neue Besatzung sich anstelle eines gemächlichen Dampfers lieber ein schnittiges Schnellboot sucht (Ślebarska et al., 2019).

5.3 Grenzen des Onboardings

Ein wesentliches Ziel des Onboardings besteht darin, die Leistungsfähigkeit der neuen Mitarbeiterinnen und Mitarbeiter sicherzustellen. Wie mittlerweile deutlich geworden sein sollte, gilt es aber auch, andere Teilziele zu realisieren. Man sollte allerdings nicht einem grenzenlosen Machbarkeitsoptimismus verfallen. Nicht alle Methoden zur Integration sind gleich gut geeignet, und manche werden auch nicht immer qualitätsvoll eingesetzt bzw. realisiert. Zudem ist nach der tatsächlichen Wirkung, der Nachhaltigkeit der Wirkung von Maßnahmen sowie nach Nebenfolgen zu fragen. Schließlich bedarf es auch gewisser Voraussetzungen bei Neulingen, von denen nicht alle auch noch im Prozess der Einarbeitung vermittelt werden können. Hierzu zählen neben gewissen kognitiven Fähigkeiten und Kenntnissen (z.B. Sprachkenntnisse) auch sogenannte Sekundärtugenden wie Pünktlichkeit, Lernbereitschaft oder Ehrlichkeit.

Nun mag manch einer einwenden, dass man eben nicht immer richtige Entscheidungen treffe, man sich aber bei Hinweisen auf fehlende Leistungsfähigkeit von entsprechenden Beschäftigten trennen könne. Wenn man das während der *Probezeit* erkenne, sei dies sogar besonders einfach möglich. Im Nachfolgenden soll gezeigt werden, dass dies eher die Ausnahme als die Regel sein wird, unter anderem deshalb, weil sich die Beteiligten an ihre getroffene personelle Entscheidung stark gebunden fühlen (siehe das Beispiel im Kasten).

Beispiel: Eskalierendes Commitment

„Ein kleines Beratungsunternehmen der Softwarebranche bestand aus drei Partnern, die als Berater tätig waren, sowie zwei Mitarbeitern, die im Rahmen der Beratungsprojekte Programmieraufgaben übernahmen. Die drei Geschäftsführer stellten dann zusätzlich eine Mitarbeiterin (Frau M.) ein, die in der Beratung tätig sein und gleichzeitig ein weiteres Geschäftsfeld aufbauen sollte. Die drei Partner des kleinen Beratungsunternehmens hatten diese Personalauswahlentscheidung gemeinsam getroffen und hohe Erwartungen. Doch bald zeigte sich, dass die neue Mitarbeiterin zwar Routineaufgaben, wie z.B. Beratungsaufgaben in laufenden Projekten, durchaus zufriedenstellend erledigte, sobald jedoch Eigeninitiative und Kreativität gefordert waren, zeigte sie allenfalls mäßige Leistungen. Die drei Partner tauschten sich jedoch bzgl. der Arbeitsleistung von Frau M. zunächst nicht aus. So wurde sie auch nach Beendigung der Probezeit weiterbeschäftigt, obwohl bereits zu diesem Zeitpunkt hätte klar sein können, dass sie für die Position ungeeignet war.

Im weiteren Verlauf kamen weitere Misserfolge hinzu, wie etwa schlechte Präsentationen bei Kunden. Diese führten sogar dazu, dass das Unternehmen sicher geglaubte Aufträge nicht erhielt. Als die nunmehr durchgehend schlechte Leistung von Frau M. deutlich wurde, distanzierte sich einer der drei Geschäftsführer von ihr. Die beiden anderen Geschäftsführer plädierten dagegen dafür, Frau M. noch eine Chance zu geben. Diese Entscheidung wurde auch von der Überlegung begleitet, evtl. die Arbeitsaufträge nicht präzise genug vermittelt zu haben. Trotz der Bemühungen der drei Partner wurde die Leistung der Mitarbeiterin nicht besser. Fast jeder Arbeitsauftrag endete damit, dass Frau M. 20 % der Arbeit übernahm und die restlichen 80 % von einem der Partner erledigt wurden. Erst als die drei Partner einhellig zur Erkenntnis kamen, dass sie und Frau M. „einfach nicht zusammenpassten“, wurde eine Kündigung in Betracht gezogen. Die Entscheidung sich von der Mitarbeiterin zu trennen, wurde durch die Tatsache, dass Frau M. in dieser letzten Phase versuchte, die Geschäftsführer gegeneinander auszuspielen, bestärkt. Die drei Geschäftsführer einigten sich schließlich mit Frau M. auf einen Auflösungsvertrag“ (Kraft, 2004, zit. nach Moser & Kraft, 2008, S. 110–111).

Das Beispiel veranschaulicht die typischen Merkmale einer Situation eskalierenden Commitments. Die Entscheider haben negatives Feedback über die Mitarbeiterin erhalten. Zudem standen Folgeentscheidungen an, die mit weiteren Investitionen verbunden sein würden. Diese zusätzlichen Investitionen waren aber unverzichtbar, wenn aus Frau M. doch noch eine erfolgreiche Mitarbeiterin werden sollte. Alternativen hätten zwar zur Verfügung gestanden, wurden allerdings nicht wirklich in Erwägung gezogen. Wirkliche Gewissheit bestand nicht: Die Geschäftsführer konnten nie sicher sein, ob Frau M. die in sie gesetzten Erwartungen würde erfüllen können, denn auf der einen Seite sollte Frau M. aufgrund ihrer Qualifikation und ihrer langjährigen Erfahrung die Arbeitsaufgaben gut erledigen können, auf der anderen Seite war keine wesentliche Leistungsverbesserung erkennbar. Und schließlich war der Einarbeitungsaufwand bereits beträchtlich, der im Falle einer Trennung von der Mitarbeiterin als „verloren" bezeichnet werden kann. Halbherzig in Angriff genommene oder gut gemeinte, aber nicht gut umgesetzte Einarbeitungsmaßnahmen sind demnach ein besonders großes Risiko, da sie einerseits nicht wirklich wirksam sind, andererseits aber auch verhindern, die einmal gefällte Entscheidung grundsätzlich zu überdenken.

Es gibt eine ganze Reihe von Faktoren, die es besonders wahrscheinlich machen, dass eskalierendes Commitment auftritt (vgl. zum Folgenden ausführlicher Moser & Kraft, 2008). So dürfte es umso wahrscheinlicher sein, je geringer die Anzahl der Alternativen ist. Handelt es sich um wichtige Aufgaben bzw. eine bedeutsame Position in der Organisation, wird eskalierendes Commitment ebenfalls wahrscheinlicher. Hohe Erwartungen sind ebenfalls ein Einflussfaktor, wenn aus Sicht aller Beteiligten eine Person von Beginn an hohes Potenzial hat, wenn sie als „vielversprechend" gilt. Solch hohe Erwartungen können erklären, dass in Sportteams solche Spieler besonders häufig eingesetzt werden, die zu einem besonders frühen Zeitpunkt für die neue Spielsaison rekrutiert worden sind. Dies zeigt sich selbst dann, wenn sie im Vergleich zu anderen Spielern keine bessere Leistung zeigen (Staw & Hoang, 1995).

Die prominenteste Erklärung für das Phänomen des eskalierenden Commitment ist die Neigung zur Selbstrechtfertigung (Staw, 1976), also der Wunsch, eine Fehlentscheidung nicht akzeptieren zu wollen. Der Abbruch eines Handlungsstrangs bzw. die Aufgabe eines Ziels kann als Niederlage empfunden werden. Den Ansprüchen anderer Personen nicht genügen zu können, führt zu Schamgefühlen; man will sein Gesicht nicht verlieren. Solange der Handlungsstrang aufrechterhalten wird, der Neuling also weiterbeschäftigt wird, muss man dann vor Anderen die eigene Fehlentscheidung (noch) nicht eingestehen.

Wenn Entscheidungen anstehen, diese unangenehme Konsequenzen haben können und mehrere Personen zuständig sind, kann zudem *Verantwortungsdiffusion* resultieren (Whyte, 1991). Im weiter oben geschilderten Beispiel von Frau M. (Kraft, 2004) waren beispielsweise Gruppenentscheidungen üblich, woraus Verantwortungsdiffusion resultierte: Lange Zeit fühlte sich keiner der Entscheider dafür verantwortlich, die verfahrene Personalsituation zu beenden.

Die Unternehmenskultur dürfte dort relevant werden, wo tradierte Regeln und Normen den Umgang mit Misserfolgen bestimmen. Beispiele hierfür sind eine stark ausgeprägte Fehlerfeindlichkeit in der Organisation oder eine generelle „Politik", niemanden zu entlassen (z.B. Drummond, 1994). So beschrieben bereits Slichter, Healy und Livernash (1960) informelle Normen in Organisationen, die besagen, dass Entlassungen vermieden werden sollten. Führungskräfte sollten vielmehr Beschäftigte dahingehend unterstützen, dass der Kündigungsgrund verschwindet. Selbst wenn formelle Regelungen bzgl. Kündigungen vorhanden sind, können informelle Regeln entgegenwirken und zu einer wohlwollenden Auslegung der organisationalen Regelungen führen (siehe das Beispiel im Kasten).

Beispiel: Zögerlicher Umgang mit Kündigungen

Klaas und Dell'omo (1997) befragten Dyaden von Personalverantwortlichen und Linienvorgesetzten zum Umgang mit Kündigungen. Die Linienvorgesetzten erhielten sieben unterschiedliche Szenarien und sollten ihre Bereitschaft angeben, die betroffene Person zu entlassen. Die Personalverantwortlichen wurden zu formellen und informellen Regelungen bzgl. solcher Situationen befragt. Es zeigte sich, dass die Linienvorgesetzten selbst dann nicht bereit waren, die Person zu entlassen, wenn dies nach den formellen Regelungen der Organisation angebracht gewesen wäre.

Zu den Definitionsbestandteilen von eskalierendem Commitment gehört die anhaltende Ungewissheit über die Zielerreichung, zumindest aber eine Ambiguität. In der Tat lässt sich zeigen, dass bei geringer Ambiguität des Feedbacks eskalierendes Commitment äußerst selten auftritt (Soucek & Moser, 2017). Fehlende Feedbackstrukturen (z.B. keine regelmäßigen Ergebnisberichte, keine Leistungsrückmeldungen) erhöhen demgegenüber die Chance auf eine hohe Ambiguität des Feedbacks und damit eskalierendes Commitment. Weitere kritische Faktoren sind:

- Sympathie für den Neuling, was dazu führt, dass Führungskräften „harte" Entscheidungen schwerfallen (Lefkowitz, 2000).
- Der Verweis auf ein noch unentdecktes Potenzial, Einarbeitungsschwierigkeiten werden als „Übergangserscheinung" heruntergespielt (Greenberg, 1996).
- Die Annahme, es fehle nur daran, dass der Neuling nicht genügend „motiviert" wurde, dass er selbst sich bisher nicht dazu „entschieden" hat, die gewünschten Leistungen zu erbringen.
- Es werden die Randbedingungen verändert und z.B. der Tätigkeitsbereich den Fähigkeiten angepasst, und andere Teammitglieder müssen die bisherigen Aufgaben übernehmen. Oder es wird der Beitrag des Neulings zum Gruppenklima herausgestellt, was ihn „wertvoll" für das Team macht.

In einer Fallstudie von Drummond (1994) wurde ein noch eklatanteres Beispiel angeführt, nämlich, dass die Weiterbeschäftigung eines offensichtlich unfähigen

Mitarbeiters schlicht die Funktion hatte, das Abteilungsbudget und die Existenz der Abteilung, in der der Mitarbeiter tätig war, zu sichern.

So sympathisch und „menschlich“ es wirken mag, neuen Beschäftigten nicht nur eine zweite, sondern womöglich sogar eine dritte Chance zu geben, auszuschließen ist es nicht, dass Fehlentscheidungen nach einer Korrektur verlangen. Sogenannte „Deeskalationstechniken“ sind hilfreich, die wichtigste ist das Setzen von „Limits“, also verpflichtende Beurteilungen am Ende der Probezeit, Prüfungen des Leistungsstands durch Externe oder auch schlicht das Protokollieren von Fehlverhalten, wobei alle Maßnahmen nur dann wirken, wenn sie ernst genommen werden und insbesondere das Limit auch wirklich eines ist (Moser, Wolff, Soucek & Ziegler, 2020).

6 Fallbeispiele

Wie im Verlauf des Buches gezeigt wurde, gibt es nicht nur verschiedene Perspektiven auf das Thema Onboarding, sondern auch eine große Vielfalt an Methoden und Praktiken. Es sollen nun zunächst im Rahmen einer Fallaufgabe einige weitere Fallbeispiele vorgestellt werden, wie das Thema Integration neuer Mitarbeiterinnen und Mitarbeiter in Unternehmen praktisch umgesetzt wird. Der Fallaufgabe folgt ein Beispiel, wie Einzelcoaching für das Onboarding von Führungskräften genutzt werden kann. In Abschnitt 6.3 wird über das weitgehend digitale Onboarding eines KMU berichtet, während Abschnitt 6.4 Erfahrungen eines Großunternehmens reflektiert. Und schließlich werden im Rahmen eines Interviews die Eckpunkte einer Checkliste präsentiert, wie sie genutzt werden kann, um die diversen Onboarding- bzw. Integrationsaufgaben eines internationalen Unternehmens zu reflektieren.

6.1 Fallaufgabe: Beispiele von Integrationsprogrammen

Im Folgenden werden sechs Beispiele komplexerer Programme vorgestellt. Die Leserinnen und Leser sollten sich aufgefordert fühlen, diese anhand des in Abschnitt 4.13 vorgestellten IWG-Modells zu reflektieren. Zum Abschluss zeigen wir, wie wir selbst eine entsprechende Zuordnung vornehmen würden.

Netflix

Beim US-amerikanischen Streamingdienst Netflix ist die Integration in große und wichtige Projekte ein wichtiger Bestandteil der Onboarding-Strategie. Beispielsweise wurde Poorna Udupi, ein Softwareingenieur bei Netflix, direkt in ein Projekt mit dem Streaminggerät Apple-TV integriert. Bereits nach vier Monaten bei Netflix wurden die Ergebnisse seiner Arbeit von Millionen von Kunden genutzt.

Zur Förderung der Integration setzt Netflix auf ein fünfstufiges Onboarding-Programm:

1. *Preboarding:* Zwischen Einstellungsgespräch und dem ersten Arbeitstag werden etwa wichtige digitale Dokumente zur Signatur bereitgestellt aber auch hilfreiche Merchandise-Artikel (Decke, Kaffeebecher, ...) nach Hause geschickt.
2. *Buddy:* Am ersten Arbeitstag lernt der neue Mitarbeiter seinen Onboarding-Buddy kennen.
3. *Onboarding-Sitzungen:* Info-Meetings mit anderen Neulingen zu Kultur, Technik, Benefits etc.
4. *Projektauftrag:* Innerhalb einer Woche erhalten neue Beschäftigte konkrete Projektaufträge.

5. *Einzelgespräche:* Neulinge erhalten eine Liste von relevanten Kontakten, mit denen sie während der Einarbeitungszeit Einzelgespräche führen.

Quelle: https://www.zavvy.io/de/hr-beispiele/onboarding-von-mitarbeitern-bei-netflix (abgerufen am 22.10.2023)

Google

Beim US-amerikanischen Suchmaschinendienst Google werden Führungskräfte am Sonntag vor dem ersten Arbeitstag eines neuen Mitarbeiters freundlich per E-Mail an fünf relevante Schritte erinnert, die Googles interne Datenanalysten von „People Analytics“ als kritisch für den Onboarding-Prozess identifiziert haben:

- Besprechen Sie die Rolle des Teammitglieds und seinen Verantwortungsbereich.
- Finden Sie einen „Peer Buddy“ als Mentor und Ansprechpartner.
- Stellen Sie das neue Organisationsmitglied dem Rest des Teams vor.
- Treffen Sie sich mit Ihrem neuen Teammitglied einmal pro Monat während der ersten sechs Monate.
- Ermutigen Sie neue Mitarbeiterinnen und Mitarbeiter zum offenen Dialog.

Quelle: https://www.zavvy.io/de/hr-beispiele/onboarding-von-mitarbeitern-bei-google (abgerufen am 22.10.2023)

Zappos

Der Onlinehändler Zappos setzt vor allem auf die Passung von neuen Beschäftigten und der Unternehmenskultur: Neue Organisationsmitglieder erhalten einen 5-wöchigen Kurs über die Unternehmenskultur und die Werte von Zappos.

Nach diesen fünf Wochen bekommen neue Beschäftigte, die das Gefühl haben, nicht zur Unternehmenskultur zu passen, ein Angebot über einen 4.000 Dollar-Scheck, wenn sie das Unternehmen wieder verlassen. (Diese Strategie könnte man wohl eher unter der Kategorie „NOT WELCOME“ einstufen, wobei fraglich ist, ob damit der gewünschte Selektionseffekt erzielt wird. Laut der genannten Studie nehmen nur 1% der Neulinge dieses Angebot an.)

Quelle: https://www.zavvy.io/de/hr-beispiele/onboarding-von-mitarbeitern-bei-zappos (abgerufen am 22.10.2023)

IBM

Der IT-Dienstleister realisierte bereits in den späten 90er Jahren, dass die Integration neuer Mitarbeiterinnen und Mitarbeiter nicht optimal gestaltet war. Aufgrund vieler Umstrukturierungen und der zunehmenden beruflichen Mobilität entwickelte IBM ein dreistufiges Konzept zur Mitarbeiterintegration – den „IBM Assimilation Process", der sich insgesamt über einen Zeitraum von 12 Monaten erstreckt:

Stufe 1: Bekräftigen. Vor dem ersten Arbeitstag werden einige wichtige vorbereitende Maßnahmen getroffen:

- Das neue Organisationsmitglied erhält eine persönliche Willkommensnachricht.
- Der Arbeitsplatz wird vorbereitet.
- Dem neuen Teammitglied wird ein Coach zur Seite gestellt. Dieser Coach steht während der gesamten 12 Monate zur Verfügung, beantwortet Fragen, bespricht Konzepte, führt in Prozesse und Tools ein und unterstützt bei der Auseinandersetzung mit Unternehmenswerten und kulturellen Aspekten der Organisation.

Stufe 2: Ankommen. Während der ersten 30 Tage durchlaufen neue Beschäftigte einen festgelegten Prozess. Folgende Aspekte sind dabei wichtig:

- Persönliche Begrüßung des Neulings
- Kennenlernen des Teams
- Der Arbeitsplatz ist voll funktionsfähig.
- Das neue Teammitglied kennt „Your IBM", die Onboarding-Plattform im Intranet.
- Führungskräfte sorgen dafür, dass jegliche Ressourcen verfügbar sind sowie Rollen und Verantwortlichkeiten geklärt sind.
- Es werden „Check-in"-Zeiten festgelegt, um sicherzustellen, dass das neue Teammitglied sich mit dem Onboarding-Prozess auf „Your IBM" auseinandersetzt.

Stufe 3: Verbinden. Nach zwei Monaten meldet sich ein „Ask Coach", um zu klären, wie der Neuling sich bisher zurechtgefunden hat. Er übernimmt zwei wichtige Aufgaben:

- Er unterstützt das neue Teammitglied dabei, Netzwerke in der Organisation aufzubauen und sich bereichsübergreifenden Projektgruppen anzuschließen.
- Er tauscht sich mit dem neuen Teammitglied über bisher erreichte Ziele und IBM-spezifische Abläufe aus.

Nach einem Jahr betrachtet IBM neues Personal als voll integriert.

Quelle: Bauer (2010)

Microsoft

Die Anzahl der Mitarbeiterinnen und Mitarbeiter des US-Konzerns Microsoft wuchs zwischen 2006 und 2016 pro Jahr um durchschnittlich 5.000. Das Unternehmen hat seine Onboarding-Strategie vor allem darauf ausgelegt, dass bestehende Beschäftigte die Integration neuer Teammitglieder als Teil ihrer Arbeit anerkennen.

Nach einer intensiven Auseinandersetzung mit der bisherigen Herangehensweise wurde ein Rahmenprogramm mit vier zentralen Leitlinien entwickelt:

- Führungskräfte spielen eine herausragende Rolle bei der Integration neuen Personals.
- Mentoren stehen als „sichere Bank“ den neuen Teammitgliedern für Fragen, Wissensaustausch und Auseinandersetzung mit der Unternehmenskultur zur Seite.
- Onboarding ist der Job aller Beschäftigten, nicht nur die Aufgabe der HR-Abteilung.
- Teammitglieder spielen eine kritische Rolle dabei, neuen Beschäftigten Unterstützung anzubieten, Wissen zu vermitteln und ein Willkommensklima zu schaffen.

Zudem stehen neuen Teammitgliedern hilfreiche Tools zur Verfügung, die vor allem den fachlichen Integrationsprozess fördern sollen. Dazu gehört ein „New Employee Helpdesk“ sowie ein Web-Support für die neuen Entwickler.

Quelle: Bauer (2010)

Führungskräfte-Onboarding bei der Bank of America

Die Bank of America ist das größte Finanzinstitut der Vereinigten Staaten. Nicht nur vor dem Hintergrund der Finanzkrise arbeitet die Bank intensiv an der (Weiter-)Entwicklung des Integrationsprozesses von Führungskräften. Im Branchenvergleich erreicht die Bank of America gute Werte im Hinblick auf die effektive Personalauswahl, aber auch die Integration von Führungskräften. Zwischen 2001 und 2006 musste die Bank jährlich nur etwa 12% ihrer von extern eingestellten Führungskräfte innerhalb der ersten 18 Monate entlassen, während der Branchenmittelwert bei etwa 40% lag. Nicht zuletzt kann der umfangreiche Onboarding-Prozess für Führungskräfte als Ursache für diesen Erfolg angesehen werden.

Kernelemente des Onboarding-Prozesses

- Es werden vielfältige Methoden eingesetzt und nicht nur eine einzige Intervention verfolgt.
- Formalitäten und Prozesse sind weniger relevant als der soziale Austausch zwischen den neuen Führungskräften und ihren Stakeholdern.
- Die neue Führungskraft soll möglichst umfassend informiert werden und Netzwerke innerhalb der Organisation aufbauen. Daher werden ihr vier interne Partner zur Seite gestellt: (1) Ein „Leadership Development (LD) Partner“ ist für Führungsfragen und Weiterentwicklung zuständig. LD-Partner haben einen Hintergrund im Bereich Führung und Organisationsentwicklung. Die LD-Partner sind bereits während der Einstellungsphase zuständig für die neue Führungskraft. (2) Ein Mitarbeiter der Personalabteilung für

Themen rund um administrative Fragen. (3) Ein „Peer-Coach", der bei technischen und fachlichen Fragen zur Seite steht. (4) Die direkte Führungskraft, welche Informationen zum Team, aktuellen Themen und Anknüpfungspunkte zur Gesamtorganisation bereitstellt.

Ablauf des Onboardings. Das Onboarding läuft in drei Phasen ab:

1. *Entry-Phase* (Tage 1 bis 90): In der „Entry-Phase" verfolgt die neue Führungskraft vier Ziele: (1) Einen geschärften Blick über die Aufgaben in ihrem neuen Bereich entwickeln und damit verbundene Ziele setzen, (2) Die Organisationskultur kennenlernen, (3) der neuen Rolle entsprechende Anforderungen bewältigen (4) wichtige Beziehungen innerhalb der Organisation aufbauen. Um diese Ziele zu erreichen, werden verschiedene Interventionen durchgeführt:
   - Am ersten Tag findet ein Willkommensevent in der Filiale statt. Dabei werden den neuen Beschäftigten Werte, Kultur und Leitbild vermittelt.
   - Gemeinsam mit dem LD-Partner wird ein Onboarding-Plan ausgearbeitet.
   - Im Rahmen eines „New Executive Orientation Program" berichten Führungskräfte, die zwei Jahre im Unternehmen arbeiten, über ihre Erfahrungen im Onboarding-Prozess. Das Top-Management vermittelt Werte, Philosophie und Ziele der Organisation. Ein weiteres Ziel des Programms ist die Vernetzung neuer Führungskräfte.
   - Zudem finden regelmäßige Treffen mit Key-Stakeholdern statt. In der „New Leader-Team Integration" wird die Vernetzung und Integration mit dem eigenen Team unterstützt. In der „New Leader-Peer Integration" werden Beziehungen der neuen Führungskraft mit Kolleginnen und Kollegen auf Führungsebene geknüpft. In beiden Prozessen fungiert der LD-Coach als Vermittler und Brückenbauer zwischen Team, Kolleginnen und Kollegen und der neuen Führungskraft.
2. *Mid-Point-Phase* (Tage 100 bis 130): In dieser Phase erhalten die neuen Führungskräfte Feedback von wichtigen Stakeholdern (Mitarbeiter, Kollegen, direkte Führungskräfte) im Rahmen eines „Key Stakeholder Check-In". Auf Basis dieses Feedbacks arbeiten die Führungskräfte gemeinsam mit ihren LD-Partnern Maßnahmen und Coaching-Themen aus.
3. *Finale Phase* (Monate 12 bis 15): 12 Monate nach dem Stakeholder-Feedback erhalten die neuen Führungskräfte ein 360-Tage-Feedback in Bezug auf das Führungsleitbild der Bank sowie die in der Mid-Point-Phase gesetzten Ziele. Dieses 360-Tage-Feedback wird in Verbindung mit weiteren Datenquellen (Leistungsbeurteilung, Zielerreichung) genutzt, um weitere Maßnahmen mit dem LD-Partner zu erarbeiten. Im Anschluss „übernimmt" die verantwortliche Führungskraft den Prozess der Integration und der LD-Partner zieht sich aus dem Prozess zurück.

Eine detailliertere Beschreibung dieses Onboarding-Programms der Bank of America findet sich bei Conger und Fishel (2007).

Lösung der Fallaufgabe

Tabelle 11: Einordnung der in den Fallbeispielen eingesetzten Methoden in das IWG-Modell

Fallbeispiel	Methode	Schwerpunkt
Netflix	Preboarding	INFORM, WELCOME
	Buddy	GUIDE
	Onboarding-Sitzungen	INFORM
	Projektauftrag	INFORM
	Einzelgespräche	INFORM, WELCOME
Google	Klärung der Rolle des Teammitglieds und seines Verantwortungsbereichs	INFORM
	„Peer Buddy“ als Mentor und Ansprechpartner	GUIDE
	Vorstellung des neuen Organisationsmitglieds im Team	WELCOME
	Treffen Führungskraft/Teammitglied einmal pro Monat während der ersten sechs Monate	INFORM, GUIDE
	Offener Dialog mit neuen Mitarbeiterinnen und Mitarbeitern	INFORM
Zappos	5-Wochen-Kurs zu Unternehmenskultur und Werten	INFORM
IBM	Persönliche Willkommensnachricht vor dem ersten Arbeitstag	WELCOME
	Der Arbeitsplatz wird vorbereitet	INFORM
	Persönlicher Coach	GUIDE
	Persönliche Begrüßung des Neulings am ersten Arbeitstag	WELCOME
	Kennenlernen des Teams	WELCOME
	Einführung in die Onboarding-Plattform im Intranet „Your IBM“	INFORM
	Ressourcen verfügbar, Klärung von Rollen und Verantwortlichkeiten	INFORM
	„Check-in“-Zeiten zum Onboarding-Prozess auf „Your IBM“	INFORM
	Unterstützung und Austausch mit einem „Ask Coach“, der bei der Netzwerkbildung und Integration in Projektgruppen hilft	GUIDE
	Auseinandersetzung mit bisher erreichten Zielen und Fokus auf IBM-spezifische Abläufe	INFORM

Tabelle 11: Fortsetzung

Fallbeispiel	Methode	Schwerpunkt
Microsoft	Begrüßung durch Führungskräfte	WELCOME
	Mentoring für Fragen, Wissensaustausch und Auseinandersetzung mit der Unternehmenskultur	GUIDE
	Teammitglieder schaffen Willkommensklima, informieren und bieten Unterstützung an	INFORM, WELCOME, GUIDE
	Onboarding-Tool: „New Employee Helpdesk"	INFORM
	Web-Support für neue Entwickler	INFORM
Bank of America (Führungskräfte-Onboarding)	Partnerkonzept: LD-Partner, HR-Partner, direkte Führungskraft und Peer-Coach	INFORM, GUIDE
	Willkommensevent an wechselnden Standorten	WELCOME, INFORM
	Individueller Onboarding-Plan	INFORM
	New Executive Orientation Program	INFORM
	New Leader-Team Integration	INFORM
	New Leader-Peer Integration	INFORM
	Key Stakeholder Check-In mit Feedback und Maßnahmenplan	INFORM, GUIDE
	360-Tage-Feedback mit Maßnahmenplan	INFORM, GUIDE

Abschließend gilt es anzumerken, dass ein generell „idealer Integrationsplan" wohl kaum existieren dürfte. Vielmehr müssen die Rahmenbedingungen der Organisation, Kultur, Werte und individuelle bzw. stellenspezifische Themen bei der Entwicklung von Onboarding-Programmen berücksichtigt werden. Das Beispiel des „Executive Onboarding" bei der Bank of America zeigt, wie aufwendig und intensiv ein Führungskräfte-Onboarding gestaltet sein kann. Was aus den dargestellten Studien und Fallbeispielen als Empfehlung hervorgeht, ist, dass möglichst vielfältige Methoden eingesetzt werden sollten, mehrere Stakeholder beteiligt werden und dass Onboarding als Prozess und nicht als Aneinanderreihung einzelner Events verstanden werden sollte.

6.2 Einzelcoaching in einem mittelständischen Unternehmen

Ein mittelständisches Unternehmen möchte eine neue Produktsparte zur Marktreife bringen. In diesem Zusammenhang wurde die Position der technischen Leitung mit einem erfahrenen Leistungsträger aus einem anderen Unternehmen besetzt, der nun seine Expertise in das neue Unternehmen einbringen soll. Er war bislang als Fachberater und Projektleiter in einer IT-Beratung beschäftigt und ihm werden auf der neuen Position erstmals disziplinarische Führungsaufgaben übertragen.

Um den neuen technischen Leiter auf seine Aufgaben vorzubereiten, erhielt er bereits vor seinem ersten Arbeitstag ein Onboarding-Coaching (vgl. Abschnitt 4.8). Das Coaching beinhaltete die Reflexion der eigenen Stärken und der Anforderungen der neuen Position. Die Ergebnisse wurden dann als Verhaltensvorsätze schriftlich festgehalten. Ein Schwerpunkt des Coachings lag auf dem Umgang mit einem Beschäftigten, der sich erfolglos auf die Position des technischen Leiters beworben hatte. Der Klient bereitete sich während des Coachings mit Rollenspielen auf diese besondere Situation vor. Es gelang ihm schließlich dann auch, dem Mitarbeiter am Arbeitsplatz feinfühlig und souverän entgegenzutreten, sodass dieser seinen neuen Vorgesetzten akzeptierte.

Gegenstand des Coachings war weiterhin die Aufarbeitung der besonderen Bedürfnisse und Interessen der anderen Beschäftigten und Teammitglieder im neuen Unternehmen sowie die Reflexion organisationskultureller Besonderheiten. Auf der Grundlage dieser Analyse entwickelte der Klient ein vertieftes Verständnis für seine Rolle als Führungskraft und legte sich Handlungsstrategien zurecht, die optimal auf die besondere Unternehmenskultur abgestimmt waren.

(Dieses Fallbeispiel ist angelehnt an Grave & Schreiber, 2013.)

6.3 Digitales Onboarding bei quantics plus

quantics plus ist ein Unternehmen, das zur Vision hat „Menschen in Organisation zu helfen“. Dafür bringt es Wirtschaftspsychologie und Data Science in der Beratung zum Einsatz. Die Kunden reichen von KMUs bis zu DAX-Konzernen und nutzen typischerweise Veränderungsbegleitungen, Workshops und Trainings sowie die Entwicklung von eigenen Datenprodukten. Thomas Steiner, Geschäftsführender Partner der quantics plus Unternehmensberatung GmbH & Co. KG, charakterisiert einige digitale Elemente des Onboardings wie folgt:

„Das Unternehmen ist grundlegend digital organisiert. Damit haben alle im Unternehmen ein hohes Maß an Selbstbestimmung. Beispielsweise kann der Arbeitsort abseits von Projekten direkt beim Kunden frei gewählt werden, da Analyse, Recherche oder Maßnahmenkonzeption ebenso gut digital stattfinden können. So haben wir mehr Möglichkeiten, qualifizierte und engagierte Personen erfolgreich anzusprechen und für uns zu gewinnen. Aufgrund der Erfahrungen mit den ersten weiteren Mitarbeitenden haben die geschäftsführenden Partner zusammen mit allen Organisationsmitgliedern das digitale Onboarding umgestaltet, damit ein paar aus unserer Sicht zentrale Faktoren des Zusammenarbeitens nicht zu kurz kommen. Uns ist wichtig, dass die Identifikation mit quantics plus möglich ist. Hierfür muss man sich als Teil der Organisation erleben, weshalb wir den persönlichen digitalen Austausch in den Mittelpunkt stellen. Dafür nutzen wir neben Microsoft Teams auch gather.town. Mit letztgenanntem Werkzeug bilden wir unser digitales Büro ab, in dem unsere Meetings stattfinden, direkter Austausch auf Einzelebene möglich ist und soziale Events abgehalten werden. Wichtig ist, dass diese regelmäßig und relativ häufig stattfinden, damit man sich gemeinsam erlebt.

Neben dem digitalen Büro achten wir im Onboarding darauf, dass Neueinsteiger inhaltlich und persönlich ankommen können. Deshalb gibt es eine systematische Einführung in die Struktur, Projekte, Prozesse und Arbeitsweisen des Unternehmens. Diese wird durch einen persönlichen Mentor ergänzt, welcher im regelmäßigen Austausch für die individuelle Entwicklung im Unternehmen, aber auch Fragen abseits der Arbeitsinhalte zuständig ist. Als weitere Entwicklungsmaßnahme finden bei uns in den ersten sechs Monaten auch zwei Feedbackgespräche in größerer Runde statt, in denen die Arbeit und Erwartungen aus Sicht der Neuankommenden und der Organisation besprochen werden. Da digitale Zusammenarbeit Selbstdisziplin der Mitglieder erfordert, werden durch den Mentor auch Impulse zur Selbstorganisation und Gestaltung des Arbeitstags gegeben."

6.4 Digitales Onboarding bei TÜV NORD

Die TÜV NORD GROUP ist mit über 14.000 Beschäftigten in 100 verschiedenen Ländern ein internationales Wissensunternehmen. Als Dienstleister im Bereich Sicherheit und Technologie überzeugt TÜV NORD seit mittlerweile 150 Jahren mit technischer Expertise. Sowohl für Privat- als auch Geschäftskunden bietet TÜV NORD „Dienstleistungen rund um Testing, Inspection, Certification, Engineering, Training" an. Das Wissensunternehmen ist stark zukunftsorientiert und behält Themen wie Digitalisierung und weltweite Vernetzung stets im Blick.

Maike Raspel, Product Ownerin für den Bereich strategisches Recruiting und Onboarding bei TÜV NORD, beschreibt das Vorgehen im Onboarding im Allgemeinen und die Rolle des digitalen Onboardings im Speziellen wie folgt:

„Digitales Onboarding beschreibt für mich alle digitalen Prozesse und Dokumente, die man neuen Beschäftigten zur Verfügung stellt, um ihnen den Einstieg zu erleichtern. Im Prinzip findet man heute digitale Lösungen für alles, was davor analog stattgefunden hat. Dazu gehören etwa virtuelle Anleitungen, Handbücher, E-Learnings, aber auch Events. Ich würde unser Onboarding-Programm als ‚hybrid' bezeichnen, also als Mischung digitaler und analoger Elemente.

Das Onboarding im TÜV NORD Konzern ist aufgeteilt in einen zentralen und einen dezentralen Part. Den zentralen Teil bildet ein Onboarding-Event, damit können wir eine viel größere Teilnehmerschaft mit bis zu 300 Personen erreichen. Vor der Pandemie hat dieses Event analog mit maximal 90 Personen stattgefunden. Wir haben um die 1.000 neue Beschäftigte pro Jahr, somit ist das virtuelle Event eine große Erleichterung. Auch wenn wir uns jetzt wieder in Präsenz treffen können, wird unser zentrales Onboarding-Event weiterhin digital bleiben. Der zweite große Vorteil neben der Teilnehmeranzahl liegt in der Ortsunabhängigkeit: Erstmalig können auch alle internationalen Kolleginnen und Kollegen teilnehmen! Gerade in einem weltweiten Konzern ist es wahnsinnig wertvoll, wenn auch das internationale Onboarding funktioniert. Von den insgesamt vier Events im Jahr finden jetzt zwei auf Englisch statt, um alle Neuankömmlinge zu erreichen. Das wird auch sehr gut angenommen.

Das individuelle Onboarding findet dann auf dezentraler Ebene statt, das heißt jeder Bereich handhabt das unterschiedlich. Teilweise findet da auch viel virtuell statt, allein durch Standortgegebenheiten. In Fällen, in denen das Team an einem Standort zusammensitzt, legen wir aber auch wieder deutlichen Wert auf das persönliche Kennenlernen. Gerade am Anfang ist der menschliche Kontakt sehr wichtig. Die Qualität des Kontaktes ist dann doch ein anderer, als wenn man sich ausschließlich online trifft – das macht etwas mit der Wertschätzung und dem Gefühl, angekommen zu sein. Diesen Eindruck bekommen wir auch immer wieder gespiegelt. Ich denke, die Mischung macht es, ein rein virtuelles Onboarding ist für Neuzugänge oft schwierig.

Die Bedürfnisse der Menschen sind unterschiedlich, die einen schätzen die Flexibilität der virtuellen Angebote sehr, den anderen fehlt der persönliche Kontakt. Hybrides Onboarding ist das Thema, an dem wir arbeiten müssen. Nächstes Jahr werden wir deshalb die Möglichkeit anbieten, an dem virtuellen Event von einem unserer Standorte aus teilzunehmen – so kann man in der Mittagspause auch persönlich Leute kennenlernen. Wie alles ist auch das ein Lernprozess. Beispielsweise haben wir in der Vergangenheit eine Webanwendung ausprobiert, die uns bei der Organisation des Events helfen sollte. Nach zweijähriger Probephase haben wir dann festgestellt, dass dieses System für uns nicht funktioniert, und das Ganze wieder verworfen. Andere Tools wiederum funktionieren für uns super: Wir arbeiten viel mit MS Teams, unserem Intranet, Wonder.me für digitales Netzwerken oder entdecken Tools wie Mentimeter und Miro. Da wird also viel ausprobiert.

Mit Blick in die Zukunft wäre mein Wunsch, den kompletten Onboarding-Prozess weiterhin zu vereinheitlichen und zu digitalisieren. Wir wollen einerseits die Führungskräfte unterstützen und andererseits den neuen Teammitgliedern eine möglichst einheitliche und nahtlose „Onboarding-Journey" ermöglichen, in der genug Raum für Vernetzung geboten ist. Super interessant ist auch der Gedanke an ein Onboarding im Metaverse – also eine virtuelle Realität zu schaffen. Entwicklungen hierzu behalten wir im Auge!"

6.5 Interview: Digitales Onboarding bei der DATEV eG

Die DATEV eG bietet hochwertige Softwarelösungen und IT-Dienstleistungen für den steuerberatenden Berufsstand und Unternehmen an. Mit über 8.500 Beschäftigten ist die Genossenschaft der drittgrößte Anbieter für Business-Software in Deutschland und zählt europaweit zu den größten IT-Dienstleistern (IDC-Ranking 2020). Für die meist mittelständischen Kunden reicht das Leistungsspektrum von PC-Programmen über Cloud-Lösungen, Outsourcing- sowie Sicherheitsdienstleistungen bis hin zu Angeboten zur Wissensvermittlung oder Beratung. So werden beispielsweise rund 14 Millionen Lohn- und Gehaltsabrechnungen jeden Monat mit DATEV-Software erstellt (https://www.datev.de/web/de/m/ueber-datev/das-unternehmen/kurzprofil/).

Im Gespräch mit Melanie Popp und Benedict Meier erfuhren wir, wie (digitales) Onboarding bei DATEV abläuft. Melanie arbeitet seit 25 Jahren bei DATEV, seit drei Jahren ist sie im Bereich HR Learning tätig. Benedict ist Teamleiter HR Learning und gestaltet gemeinsam mit Melanie und anderen DATEV-Kolleginnen und Kollegen den Onboarding-Prozess. Das Interview wurde am 20.12.2022 über MS Teams durchgeführt.

Colin Roth: Was ist *digitales* Onboarding für euch?

Melanie Popp: Für mich bedeutet das, neue Beschäftigte digital so reinzuholen, als wären sie in Präsenz da. Es soll ihnen an nichts fehlen, aber gleichzeitig darf man sie nicht mit Informationen überfrachten. Gerade online ist man schnell dazu geneigt, zu viele Informationen auf einmal zu liefern. Neuankömmlingen fällt es dann schwer zu differenzieren, was wichtig ist, und was nicht. Diese Vorarbeit müssen wir leisten und uns fragen: „Als neue Mitarbeiterin, was müsste ich jetzt wirklich wissen, um klarzukommen?"

Benedict Meier: Für mich bringt digitales Onboarding den Vorteil mit sich, alle Informationen an einem Ort virtuell verfügbar zu machen. Dadurch kann sich jeder selbst organisieren und die Informationen abrufen, die gerade relevant sind. So etwas ersetzt Dinge wie den Welcome Day natürlich nicht, sondern macht die wichtigen Informationen zu jeder Zeit verfügbar.

Melanie Popp: Ergänzend zu dieser Art Selbststudium bekommen unsere neuen Mitarbeiterinnen und Mitarbeiter außerdem im Voraus zehn Info-Mails mit konkreten Informationen bezogen auf die aktuelle Phase im Onboarding-Prozess, die sie an den Start bei uns heranführen.

Colin Roth: Für euch ist das Ziel also, dass das digitale Onboarding mindestens die gleiche Qualität hat wie in Präsenz. Ihr habt jetzt schon den Welcome Day bei euch erwähnt. Wie schaut denn dieser Welcome Day konkret aus?

Melanie Popp: Der Welcome Day ist ein Tag, an dem wir unsere neuen Kolleginnen und Kollegen ganz offiziell willkommen heißen. Deshalb sind auch jedes Mal unsere Personal-Vorständin Julia Bangerth und der Vorsitzende des Betriebsrats Nürnberg Peter Bach dabei und bringen einen Impuls und Zeit zum Fragen stellen mit. Der ganze Tag findet online via MS Teams statt. Nach dem Auftakt bieten wir zu den wichtigsten Themen Info-Sessions an – hier haben die Neuankömmlinge die Qual der Wahl und können sich die Themen raussuchen, die sie interessieren. Nachmittags ist dann Zeit für Vernetzung: Wir teilen das Plenum in Breakout-Räume auf. In den sogenannten Onboarding-Circles betreut dann je ein Welcome-Guide eine Gruppe von circa fünf bis zehn Personen. Hier hat man gut die Möglichkeit, sich zu vernetzen und wer Lust hat, kann dieser Gruppe längerfristig beitreten und gemeinsam über sechs bis sieben Wochen gewisse Themen bearbeiten. Am nächsten Tag bieten wir noch einen Welcome-Coffee in Präsenz an. Das sind nochmal zwei Stunden, in denen man sich im realen Leben trifft und kennenlernen kann.

Benedict Meier: Genau, der Welcome-Coffee ist unser Versuch, den komplett digitalen Ablauf wieder ein bisschen umzudrehen und zumindest teilweise auch Präsenztermine anzubieten. Allerdings ist die Resonanz eher durchwachsen. Die Frage ist: Was braucht es, um die Leute wirklich an einem Standort zusammenzubringen? Wahrscheinlich kommen die Leute da eher in ihrem abteilungsinternen Team zusammen. Außerdem entsteht durch den Onboarding-Circle meist schon eine Gruppenzugehörigkeit – das zeigt zumindest meine eigene Erfahrung.

Colin Roth: Was schätzt ihr? Zu wieviel Prozent läuft der Onboarding-Prozess jetzt digital ab und wie viel analog? Und wie schaut das mit Blick in die Zukunft aus?

Melanie Popp: Das ist tatsächlich ganz interessant ... Als Feedback bekommen wir oft den Wunsch, dass der Welcome Day doch in Präsenz stattfinden soll. Auf der anderen Seite wird der Präsenztermin, den wir anbieten, nicht so wirklich angenommen. Ein großer Vorteil des digitalen Onboarding-Events ist, dass auch Kolleginnen und Kollegen außerhalb von Nürnberg und sogar außerhalb Deutschlands problemlos teilnehmen können. Wie genau wir das in Zukunft also aufteilen, weiß ich noch gar nicht, komplett zurück zum Analogen ist aber ganz sicher keine gute Idee.

Benedict Meier: In Zukunft werden wir mit dem Welcome-Coffee als Präsenztermin nochmal etwas experimentieren. Vielleicht können wir ihn attraktiver machen, indem wir ihn mit Elementen verbinden, die aktuell noch online stattfinden. Ich denke aber auch, dass es organisch dazu kommen wird, dass sich die Onboarding-Circles jetzt nach Corona auch wieder im realen Leben treffen und zum Beispiel zusammen in die Kantine gehen werden – einfach, weil wir soziale Wesen sind. Komplett zurück in die Präsenz zu gehen, kann ich mir aber auch nicht mehr vorstellen, da würden dann auch viele Vorteile verloren gehen.

Colin Roth: Also erlebt ihr einerseits Vorteile durch das Digitale und andererseits ergibt sich ein Spannungsverhältnis zwischen Personen, die das super finden und anderen, die sich mehr Präsenz wünschen. Sicherheit entsteht manchmal auch durch Zahlen, Daten und Fakten. Habt ihr irgendwelche Daten, die euch verraten, was jetzt wirklich besser funktioniert – digital oder analog?

Benedict Meier: Für mich sind dabei zwei Aspekte entscheidend: Während Corona hat der schnelle Umstieg ins Digitale einen WOW-Effekt mit sich gebracht, das hatte eine lösende Funktion. Mittlerweile besitzt es nicht mehr diesen lösenden Charakter, man hat ja wieder alle Möglichkeiten. Ich denke, in Zukunft wird es auch mehr darum gehen, die einzelnen Fachbereiche darin zu unterstützen, ihren eigenen Onboarding-Prozess zu gestalten. Dieses Heimatgefühl, was dann im Team entsteht, können wir durch einen zentralen digitalen Welcome Day nie so erfüllen.

Melanie Popp: Was am Gesamt-Onboarding-Day aber sehr geschätzt wird, ist die Anwesenheit von Julia Bangerth und Peter Bach. Das ist für die Neuankömmlinge sehr wertvoll. Ansonsten geben wir an diesem Tag einfach einen groben Rahmen mit den Themen, die alle betreffen. Alle spezifischen Informationen kommen dann im bereichsinternen Onboarding auf.

Colin Roth: Ich höre heraus, dass es für euch zwei Ebenen gibt – das Gesamt-Onboarding, welches durchaus super virtuell stattfinden kann und das Onboarding auf Teamebene, mit der Verantwortung, auch mehr persönliche Begegnungen zu gestalten. Gibt es irgendein spezielles (technisches) Tool, welches ihr in diesem Kontext benutzt und empfehlen könnt?

Melanie Popp: Ehrlicherweise sind wir da aus datenschutzrechtlichen Gründen etwas eingeschränkt. Die ganze Veranstaltung läuft hauptsächlich über MS Teams, maximal setzen wir für Umfragen oder ähnliches Mentimeter ein.

Benedict Meier: Wenn man mal abseits von rein technischen Tools denkt, fällt mir in diesem Zusammenhang auch unser Onboarding-Circle-Konzept ein. Anhand eines Leitfadens arbeitet man in einer Gruppe von neuen Mitarbeitenden am eigenen, individuellen Lernziel für den Start ins Unternehmen. Das funktioniert für das Onboarding einfach gut, weil man dadurch direkt ein Netzwerk in unterschiedliche Unternehmensbereiche aufbaut. Auch dass wir den ankommenden Personen die Freiheit lassen selbst zu entscheiden, was ihnen wichtig ist und was sie lernen wollen. Dadurch lernen die Beschäftigten direkt unsere Art des Lernens kennen – dass eben nicht alles vorgekaut wird, sondern dass jeder eigenverantwortlich handelt.

Melanie Popp: Genau, das vermittelt direkt unseren Spirit zur Selbstorganisation, der sich auch in anderen Bereichen durchzieht.

Colin Roth: Das klingt super, genau dafür ist Onboarding ja unter anderem da – es soll dem ankommenden Menschen einen Blick in die Zukunft vermitteln. Gibt es abseits von diesen Fragen noch irgendwelche Informationen, die ihr gerne diesbezüglich teilen würdet?

Benedict Meier: Ich würde gerne noch einen anderen Aspekt erwähnen: Wir haben in der Phase der Corona-Pandemie auch in der Ausbildung den Onboarding-Prozess virtuell gestalten müssen. Dabei ist uns bewusst geworden, dass dies eine nochmal ganz andere Herausforderung ist: Wie kümmert man sich gut um die Auszubildenden, die gerade frisch aus der Schule kommen und sich eigentlich eine viel stärkere Struktur wünschen? Für die Azubis waren diese Wahlfreiheit und die virtuelle Herangehensweise oft überfordernd. Wenn die fachlichen Ansprechpersonen dann nur sporadisch vor Ort sind, fällt der ganze Onboarding-Prozess nochmal viel schwerer. Heute findet das Onboarding in der Ausbildung wieder in Präsenz statt. Und wir erarbeiten gerade ein Konzept, das die jungen Menschen schrittweise an das Thema mobile Arbeit heranführt und ihnen die notwendigen Kompetenzen dafür vermittelt.

Colin Roth: Das heißt Virtualität bedarf einer Kompetenz, die du höchstwahrscheinlich erst im Berufsleben erlernst – und da hat das virtuelle Onboarding dann seine Grenzen. Ich danke euch sehr für dieses Interview und die vielen Informationen!

7 Literaturempfehlungen

Felfe, J. (2020). *Mitarbeiterbindung* (2. Aufl.). Göttingen: Hogrefe. https://doi.org/10.1026/02505-000

Moser, K. (1996). *Commitment in Organisationen*. Bern: Huber.

Moser, K. & Soucek, R. & Hassel, A. (2014). Berufliche Entwicklung und organisationale Sozialisation. In H. Schuler & U.P. Kanning (Hrsg.), *Lehrbuch der Personalpsychologie* (3. Aufl., S. 449–500). Göttingen: Hogrefe.

8 Literatur

Allen, D.G., Bryant, P.C. & Vardaman, J.M. (2010). Retaining talent: Replacing misconceptions with evidence-based strategies. *Academy of Management Perspectives, 24,* 48–64. https://doi.org/10.5465/AMP.2010.51827775

Allen, T.D., Eby, L.T., Poteet, M.L., Lentz, E. & Lima, L. (2004). Career benefits associated with mentoring for proteges: A meta-analysis. *Journal of Applied Psychology, 89,* 127–136. https://doi.org/10.1037/0021-9010.89.1.127

Anderson, N. & Thomas, H.D.C. (1996). Work group socialization. In M.A. West (Ed.), *Handbook of work group psychology* (pp. 423–450). New York: Wiley.

Argote, L. & Ingram, P. (2000). Knowledge transfer: A basis for competitive advantage in firms. *Organizational Behavior and Human Decision Processes, 82,* 150–169. https://doi.org/10.1006/obhd.2000.2893

Ashby, F.C. & Pell, A.R. (2001). *Embracing excellence: Become an employer of choice to attract and keep the best talent.* Upper Saddle River, NJ: Prentice-Hall.

Ashford, S.J. & Black, J.S. (1996). Proactivity during organizational entry: The role of desire for control. *Journal of Applied Psychology, 81,* 199–214. https://doi.org/10.1037/0021-9010.81.2.199

Ashford, S.J., George, E. & Blatt, R. (2007). Old assumptions, new work: The opportunities and challenges of research on nonstandard employment. *The Academy of Management Annals, 1,* 65–117. https://doi.org/10.5465/078559807

Ashforth, B.E. & Saks, A.M. (1996). Socialization tactics: Longitudinal effects on newcomer adjustment. *Academy of Management Journal, 39,* 149–178. https://doi.org/10.2307/256634

Atkinson, J. (1984). Manpower strategies for flexible organizations. *Personnel Management, 16,* 28–31.

Baker, H.E. (1992). Employee socialization strategies and the presence of union representation. *Labor Studies Journal, 17,* 5–17.

Baker, H.E. & Feldman, D.C. (1991). Linking organizational socialization tactics with corporate human resource management strategies. *Human Resource Management Review, 1,* 193–202. https://doi.org/10.1016/1053-4822(91)90014-4

Ball, K. (2010). Workplace surveillance: An overview. *Labor History, 51,* 87–106. https://doi.org/10.1080/00236561003654776

Barksdale, H.C., Bellenger, D.N., Boles, J.S. & Brashear, T.G. (2003). The impact of realistic job previews and perceptions of training on sales force performance and continuance commitment: A longitudinal test. *Journal of Personal Selling & Sales Management, 23,* 125–138.

Bauer, T.N. (2010). *Onboarding new employees: Maximizing success* (SHRM Foundation's Effective Practice Guidelines Series). Verfügbar unter https://www.shrm.org/foundation/ourwork/initiatives/resources-from-past-initiatives/Documents/Onboarding%20New%20Employees.pdf

Bauer, T.N., Bodner, T., Erdogan, B., Truxillo, D.M. & Tucker, J.S. (2007). Newcomer adjustment during organizational socialization: A meta-analytic review of antecedents, outcomes, and methods. *Journal of Applied Psychology, 92,* 707–721. https://doi.org/10.1037/0021-9010.92.3.707

Bauer, T.N. & Erdogan, B. (2011). Organizational socialization: The effective onboarding of new employees. In S. Zedeck, H. Aguinis, W. Cascio, M. Gelfand, K. Leung, S. Parker & J. Zhou (Eds.), *APA Handbook of I/O Psychology* (Vol. 3, pp. 51–64). Washington, DC: APA Press.

Bauer, T.N. & Green, S.G. (1998). Testing the combined effects of newcomer information seeking and manager behavior on socialization. *Journal of Applied Psychology, 83,* 72–83. https://doi.org/10.1037/0021-9010.83.1.72

Baumeister, R.F. & Leary, M.R. (1995). The need to belong: Desire for interpersonal attachments as a fundamental human motivation. *Psychological Bulletin, 117,* 497–529. https://doi.org/10.1037/0033-2909.117.3.497

Becker, B.E., Huselid, M.A. & Ulrich, D. (2001). *The HR scorecard: Linking people, strategy, and performance.* Boston, MA: Harvard Business School Press.

Belbin, R.M. (1981). *Management teams: Why they succeed or fail.* Oxford: Butterworth-Heinemann.

Belschak, F.D. & Den Hartog, D.N. (2010). Pro-self, prosocial, and pro-organizational foci of proactive behaviour: Differential antecedents and consequences. *Journal of Occupational & Organizational Psychology, 83,* 475–498. https://doi.org/10.1348/096317909X439208

Benton, R.A., McDonald, S., Manzoni, A. & Warner, D.F. (2015). The recruitment paradox: Network recruitment, structural position, and East German market transition. *Social Forces, 93,* 905–932. https://doi.org/10.1093/sf/sou100

Berg, J., Dutton, J. & Wrzesniewski, A. (2007). *What is job crafting and why does it matter?* Michigan: Ross School of Business.

Beus, J.M., Dhanani, L.Y. & McCord, M.A. (2015). A meta-analysis of personality and workplace safety: Addressing unanswered questions. *Journal of Applied Psychology, 100,* 481–498. https://doi.org/10.1037/a0037916

Black, J.S. & Ashford, S.J. (1995). Fitting in or making jobs fit: Factors affecting mode of adjustment for new hires. *Human Relations, 48,* 421–437. https://doi.org/10.1177/001872679504800407

Blickle, G. (2000). Mentor-Protegé-Beziehungen in Organisationen. *Zeitschrift für Arbeits- und Organisationspsychologie, 44,* 168–178. https://doi.org/10.1026//0932-4089.44.4.168

Blickle, G., Witzki, A.H. & Schneider, P.B. (2009). Mentoring support and power: A three year predictive field study on protegé networking and career success. *Journal of Vocational Behavior, 74,* 181–189. https://doi.org/10.1016/j.jvb.2008.10.008

Bluckert, P. (2006). *The psychological dimensions of executive coaching.* Oxford: Open University Press.

Boos, M., Hardwig, T. & Riethmüller, M. (2017). *Führung und Zusammenarbeit in verteilten Teams.* Göttingen: Hogrefe. https://doi.org/10.1026/02628-000

Bossler, M., Kubis, A. & Moczall, A. (2017). Neueinstellungen im Jahr 2016: Große Betriebe haben im Wettbewerb um Fachkräfte oft die Nase vorn. *IAB-Kurzbericht 18/2017,* 1–8. Verfügbar unter https://doku.iab.de/kurzber/2017/kb1817.pdf

Brenzel, H., Czepek, J., Kubis, A., Moczall, A., Rebien, M. Röttger, C., Szameitat, J., Warning, A. & Weber, E. (2016). Neueinstellungen im Jahr 2015: Stellen werden häufig über persönliche Kontakte besetzt. *IAB-Kurzbericht 4/2016,* 1–8. Verfügbar unter https://doku.iab.de/kurzber/2016/kb0416.pdf

Brodbeck, F.C., Anderson, N. & West, M.A. (2000). *Das Teamklima-Inventar (TKI).* Göttingen: Hogrefe.

Broschak, J.P. & Davis-Blake, A. (2006). Mixing standard work and nonstandard deals: The consequences of heterogeneity in employment arrangements. *Academy of Management Journal, 49,* 371–393. https://doi.org/10.5465/amj.2006.20786085

Brücker, H., Hauptmann, A. & Vallizadeh, E. (2015). *Flüchtlinge und andere Migranten am deutschen Arbeitsmarkt: Der Stand im September 2015.* Nürnberg: Institut für Arbeitsmarkt- und Berufsforschung. Verfügbar unter http://doku.iab.de/aktuell/2015/aktueller_bericht_1514.pdf

Brücker, H., Kosyakova, Y. & Schuß, E. (2020). *Fünf Jahre seit der Fluchtmigration 2015: Integration in Arbeitsmarkt und Bildungssystem macht weitere Fortschritte.* Nürnberg: Institut für Arbeitsmarkt- und Berufsforschung. Verfügbar unter https://doku.iab.de/kurzber/2020/kb0420.pdf

Bunderson, J.S. & Thompson, J.A. (2009). The call of the wild: Zookeepers, callings, and the double-edged sword of deeply meaningful work. *Administrative Science Quarterly, 54,* 32–57. https://doi.org/10.2189/asqu.2009.54.1.32

Bundesministerium für Bildung und Forschung (Hrsg.). (2022). *Berufsbildungsbericht 2022.* Bonn: BMBF. Verfügbar unter https://www.bmbf.de/SharedDocs/Publikationen/de/bmbf/3/31749_Berufsbildungsbericht_2022.pdf

Burke, M.J., Sarpy, S.A., Tesluk, P.E. & Smith-Crowe, K. (2002). General safety performance: A test of a grounded theoretical model. *Personnel Psychology, 55,* 429–457. https://doi.org/10.1111/j.1744-6570.2002.tb00116.x

Burt, R.S. (1992). *Structural holes.* Cambridge, MA: Harvard University Press. https://doi.org/10.4159/9780674029095

Büssing, A. & Perrar, K.-M. (1992). Die Messung von Burnout. Untersuchung einer deutschen Fassung des Maslach Burnout Inventory (MBI-D). *Diagnostica, 38,* 328–353.

Cable, D. M. & DeRue, D. S. (2002). The convergent and discriminant validity of subject fit perceptions. *Journal of Applied Psychology, 87,* 875–884. https://doi.org/10.1037/0021-9010.87.5.875

Cable, D.M. & Parsons, C.K. (2001). Socialization tactics and person-organization fit. *Personnel Psychology, 54,* 1–23. https://doi.org/10.1111/j.1744-6570.2001.tb00083.x

Calero Valdez, A., Schaar, A.K., Bender, J., Aghassi, S., Schuh, G. & Ziefle, M. (2016). Social media applications for knowledge exchange in organizations. In L. Razmerita, G. Phillips-Wren & C.L. Jain (Eds.), *Innovations in knowledge management: The impact of social media, semantic web and cloud computing* (pp. 147–176). Berlin: Springer.

Campion, M.A. (1991). Meaning and measurement of turnover: Comparison of alternative measures and recommendations for research. *Journal of Applied Psychology, 76,* 199–212. https://doi.org/10.1037/0021-9010.76.2.199

Campion, M.A., Cheraskin, L. & Stevens, M.J. (1994). Career-related antecedents and outcomes of job rotation. *Academy of Management Journal, 37,* 1518–1542. https://doi.org/10.2307/256797

Carroll, M., Marchington, M., Earnshaw, J. & Taylor, S. (1999). Recruitment in small firms: Processes, methods and problems. *Employee Relations, 21,* 236–250. https://doi.org/10.1108/01425459910273080

Christian, M.S., Bradley, J.C., Wallace, J.C. & Burke, M.J. (2009). Workplace safety: A meta-analysis of the roles of person and situation factors. *Journal of Applied Psychology, 94,* 1103–1127. https://doi.org/10.1037/a0016172

CIETT (2007). *The agency work industry around the world. Main Statistics.* Brussels: CIETT.

Clarke, S. & Robertson, I. (2005). A meta-analytic review of the Big Five personality factors and accident involvement in occupational and non-occupational settings. *Journal of Occupational and Organizational Psychology, 78,* 355–376. https://doi.org/10.1348/096317905X26183

Comelli, G. (1995). Qualifikation für Gruppenarbeit: Teamentwicklungstraining. In L. v. Rosenstiel, E. Regnet & M. Domsch (Hrsg.), *Führung von Mitarbeitern. Handbuch für erfolgreiches Personalmanagement* (3. Aufl., S. 387–409). Stuttgart: Schäffer-Poeschel.

Conger, J.A. & Fishel, B. (2007). Accelerating leadership performance at the top: Lessons from the Bank of America's executive on-boarding process. *Human Resource Management Review, 17,* 442–454. https://doi.org/10.1016/j.hrmr.2007.08.005

Connelly, C.E. & Gallagher, D.G. (2004). Emerging trends in contingent work research. *Journal of Management, 30,* 959–983. https://doi.org/10.1016/j.jm.2004.06.008

Conroy, S.A. & O'Leary-Kelly, A.M. (2014). Letting go and moving on: Work-related identity loss and recovery. *Academy of Management Review, 39,* 67–87. https://doi.org/10.5465/amr.2011.0396

Cooper-Thomas, H.D. & Burke, S.E. (2012). Newcomer proactive behavior: Can there be too much of a good thing? In C.R. Wanberg (Ed.), *The Oxford handbook of organizational socialization* (pp. 56–77). New York, NY: Oxford University Press.

Cotet, C.D. & David, D. (2016). The truth about predictions and emotions: Two meta-analyses of their relationship. *Personality and Individual Differences, 94,* 82–91. https://doi.org/10.1016/j.paid.2015.12.046

Crowley, A.W. & Hoyer, W.D. (1994). An integrative framework for understanding two-sided persuasion. *Journal of Consumer Research, 20,* 561–574. https://doi.org/10.1086/209370

Cutler, G. (2005). Bringing new hires up to speed. *Research Technology Management, 48,* 58–60. https://doi.org/10.1080/08956308.2005.11657326

Dahling, J.J., Winik, L., Schoepfer, R. & Chau, S. (2013). Evaluating contingent workers as a recruitment source for full-time positions. *International Journal of Selection and Assessment, 21,* 222–225. https://doi.org/10.1111/ijsa.12031

Dansky, K.H. (1996). The effect of group mentoring on career outcomes. *Group Organization Management, 21,* 5–21. https://doi.org/10.1177/1059601196211002

Davis-Blake, A., Broschak, J.P. & George, E. (2003). Happy together? How using nonstandard workers affects exit, voice, and loyalty among standard employees. *Academy of Management Journal, 46,* 475–485. https://doi.org/10.2307/30040639

Demerouti, E. & Bakker, A.B. (2014). Job Crafting. In M.C.W. Peeters, J. de Jonge & T.W. Taris (Eds.), *An introduction to contemporary work psychology* (pp. 414–433). New York: Wiley.

de Vries, R.E., Wawoe, K.W. & Holtrop, D. (2016). What is engagement? Proactivity as the missing link in the HEXACO model of personality. *Journal of Personality, 84,* 178–193. https://doi.org/10.1111/jopy.12150

de Vroome, T. & Verkuyten, M. (2015). Labour market participation and immigrants' acculturation. In S. Otten, K. van der Zee & M.B. Brewer (Eds.), *Towards inclusive organizations: Determinants of successful diversity management at work* (pp. 12–28). Hove: Psychology Press.

Diehl, C., Friedrich, M. & Hall, A. (2009). Jugendliche ausländischer Herkunft beim Übergang in die Berufsausbildung: Vom Wollen, Können und Dürfen. *Zeitschrift für Soziologie, 38,* 48–67.

Dietz, M., Röttger, C. & Szameitat, J. (2011). *Betriebliche Personalsuche und Stellenbesetzungen: Neueinstellungen gelingen am besten über persönliche Kontakte* (IAB-Kurzbericht, 26/2011). Nürnberg: Institut für Arbeitsmarkt- und Berufsforschung.

Direnzo, M.S. & Greenhaus, J.H. (2011). Job search and voluntary turnover in a boundaryless world: A control theory perspective. *Academy of Management Review, 36,* 567–589. https://doi.org/10.5465/AMR.2011.61031812

Drummond, H. (1994), Escalation in organizational decision making. *Journal of Behavioral Decision Making, 7,* 43–55.

Earnest, D.R., Allen, D.G. & Landis, R.S. (2011). Mechanisms linking realistic job reviews with turnover: A meta-analytic path analysis. *Personnel Psychology, 64,* 865–897. https://doi.org/10.1111/j.1744-6570.2011.01230.x

Eby, L.T., Allen, T.D., Evans, S.C., Ng, T. & DuBois, D.L. (2008). Does mentoring matter? A multidisciplinary meta-analysis comparing mentored and non-mentored individuals. *Journal of Vocational Behavior, 72,* 254–267. https://doi.org/10.1016/j.jvb.2007.04.005

Edwards, J.R. (2008). Person-environment fit in organizations: An assessment of theoretical progress. *The Academy of Management Annals, 2,* 167–230. https://doi.org/10.5465/19416520802211503

Ellis, A.M., Bauer, T.N., Mansfield, L.R., Erdogan, B., Truxillo, D.M. & Simon, L.S. (2015). Navigating uncharted waters: Newcomer socialization through the lens of stress theory. *Journal of Management, 41,* 203–235. https://doi.org/10.1177/0149206314557525

Feldman, D.C. & O'Neill, O.A. (2014). The role of socialization, orientation, and training program in transmitting culture and climate and enhancing performance. In B. Schneider & K.M. Barbera (Eds.), *The Oxford handbook of organizational climate and culture* (pp. 44–64). New York, NY: Oxford University Press.

Felfe, J. & Franke, F. (2012). *Commitment-Skalen (COMMIT). Fragebogen zur Erfassung von Commitment gegenüber Organisation, Beruf/Tätigkeit, Team, Führungskraft und Beschäftigungsform. Deutschsprachige Adaptation und Weiterentwicklung der Organizational Commitment Scale von J.P. Meyer und N. Allen*. Bern: Huber.

Ferring, K. & Staufenbiel, J.E. (1993). Trainee-Programme. In H. Strutz (Hrsg.), *Handbuch Personalmarketing* (S. 223–231). Wiesbaden: Gabler.

Galais, N. & Moser, K. (2001). Eintritt in die Arbeitswelt: Enttäuschte, erfüllte und übertroffene Erwartungen. *Zeitschrift für Arbeitswissenschaft, 55,* 179–186.

Galais, N. & Moser, K. (2009). Organizational commitment and the well-being of temporary agency workers – A longitudinal study. *Human Relations, 62,* 589–620. https://doi.org/10.1177/0018726708101991

Galais, N. & Sende, C. (2013). *Perceived insider status and organizational commitment of temporary agency workers: Organizational and individual determinants and effects on stress.* Presentation at the 16th congress of the European Association of Work and Organizational Psychology, EAWOP, Münster.

Galais, N., Sende, C. & Moser, K. (2011). *Perceived responsibility of client organizations and training offers for temporary agency workers: Results from a study on German entrepreneurs.* Presentation at the 15th conference of Work and Organizational Psychology, EAWOP, Maastricht.

Galais, N., Sende, C. & Moser, K. (2014). Soziale und fachlich Integration von Zeitarbeitnehmer/innen in das Kundenunternehmen. In C. Schlick, K. Moser & M. Schenk (Hrsg.), *Flexible Produktionskapazitäten innovativ managen* (S. 193–220). Heidelberg: Springer.

George, E., Chattopadhyay, P. & Zhang, L.L. (2012). Helping hand or competition? The moderating influence of perceived upward mobility on the relationship between blended workgroups and employee attitudes and behaviors. *Organization Science, 23,* 355–372. https://doi.org/10.1287/orsc.1100.0606

Gerhart, B. & Rynes, S.L. (2003). *Compensation: Theory, evidence, and strategic implications.* Thousand Oaks, CA: Sage. https://doi.org/10.4135/9781452229256

Gërxhani, K. & Koster, F. (2015). Making the right move. Investigating employers' recruitment strategies. *Personnel Review, 44,* 781–800. https://doi.org/10.1108/PR-12-2013-0229

Granovetter, M. (1973). The strength of weak ties. *American Journal of Sociology, 78,* 1360–1380. https://doi.org/10.1086/225469

Granovetter, M. (1995). *Getting a job: A study of contacts and careers* (2nd ed.). Chicago, IL: University of Chicago Press. https://doi.org/10.7208/chicago/9780226518404.001.0001

Grant, A.M. & Parker, S.K. (2009). 7 Redesigning work design theories: The rise of relational and proactive perspectives. *The Academy of Management Annals, 3,* 317–375. https://doi.org/10.5465/19416520903047327

Grave, S. & Schreiber, P. (2013). Onboarding-Coaching. *Coaching-Magazin, 1/2013.* Verfügbar unter https://www.coaching-magazin.de/hr/onboard-coaching

Greenberg, J. (1996). "Forgive me, I'm new": Three experimental demonstrations of the effects of attempts to excuse poor performance. *Organizational Behavior and Human Decision Processes, 66,* 165–178. https://doi.org/10.1006/obhd.1996.0046

Greif, S. (1989). Stress. In S. Greif, H. Holling & N. Nicholson (Hrsg.), *Arbeits- und Organisationspsychologie. Ein internationales Handbuch in Schlüsselbegriffen* (S. 432–439). München: Psychologie Verlags Union.

Griffin, M. A. & Curcuruto, M. (2016). Safety climate in organizations. *Annual Review of Organizational Psychology and Organizational Behavior, 3,* 191–212. https://doi.org/10.1146/annurev-orgpsych-041015-062414

Griffin, M. A. & Neal, A. (2000). Perceptions of safety at work: A framework for linking safety climate to safety performance, knowledge, and motivation. *Journal of Occupational Health Psychology, 5,* 347–358. https://doi.org/10.1037/1076-8998.5.3.347

Gruman, J. A., Saks, A. M. & Zweig, D. I. (2006). Organizational socialization tactics and newcomer proactive behaviors: An integrative study. *Journal of Vocational Behavior, 69,* 90–104. https://doi.org/10.1016/j.jvb.2006.03.001

Hack, M. (2016). Nürnberger Firma Leoni um 40 Millionen Euro geprellt. *Nürnberger Nachrichten,* 16.08.2016. Verfügbar unter http://www.nordbayern.de/region/nuernberg/nurnberger-firma-leoni-um-40-millionen-euro-geprellt-1.5420355

Häfner, A. & Truschel, C. (2022). *Fluktuationsmanagement. Ungewollte Kündigungen vermeiden.* Göttingen: Hogrefe.

Hall, D. T. (1976). *Careers in organizations.* Glenview, IL: Scott Foresman.

Hans-Böckler-Stiftung (2022). *Anteil der im Homeoffice arbeitenden Beschäftigten in Deutschland vor und während der Corona-Pandemie 2020 und 2021* [Graph]. Verfügbar unter https://de.statista.com/statistik/daten/studie/1204173/umfrage/befragung-zur-homeoffice-nutzung-in-der-corona-pandemie

Haski-Leventhal, D. & Bargal, D. (2008). The volunteer stages and transitions model: Organizational socialization of volunteers. *Human Relations, 61,* 67–102. https://doi.org/10.1177/0018726707085946

Hertel, G., Geister, S. & Konradt, U. (2005). Managing virtual teams: A review of current empirical research. *Human Resource Management Review, 15,* 69–95. https://doi.org/10.1016/j.hrmr.2005.01.002

Hertel, G. & Hüffmeier, J. (2019). Teamarbeit: Wirkmechanismen und Rahmenbedingungen. In H. Schuler & K. Moser (Hrsg.), *Lehrbuch Organisationspsychologie* (6. Aufl., S. 187–223). Bern: Hogrefe.

Higgins, M. C. & Thomas, D. A. (2001). Constellations and careers: Toward understanding the effects of multiple developmental relationships. *Journal of Organizational Behavior, 22,* 223–247. https://doi.org/10.1002/job.66

Hinkin, T. R. & Schriesheim, C. A. (2008). An examination of "nonleadership": From laissez-faire leadership to leader reward omission and punishment omission. *Journal of Applied Psychology, 93,* 1234–1248. https://doi.org/10.1037/a0012875

Hirsch, K. (2003). Reintegration von Auslandsmitarbeitern. In N. Bergemann & A. L. J. Sourisseaux (Hrsg.), *Interkulturelles Management* (2. Aufl., S. 417–430). Berlin: Springer.

Holladay, C. L. & Quiñones, M. A. (2005). Reactions to diversity training: An international comparison. *Human Resource Development Quarterly, 16,* 529–545. https://doi.org/10.1002/hrdq.1154

Hollenbeck, J. R. & Jamieson, B. B. (2015). Human capital, social capital, and social network analysis: Implications for strategic human resource management. *Academy of Management Perspectives, 29,* 370–385. https://doi.org/10.5465/amp.2014.0140

Homan, A. C. & van Knippenberg, D. (2015). Faultlines in diverse teams. In S. Otten, K. van der Zee & M. B. Brewer (Eds.), *Towards inclusive organizations: Determinants of successful diversity management at work* (pp. 132–150). New York, NY: Psychology Press.

Jochmann, W. (1990). *Berufliche Veränderung von Führungskräften.* Göttingen: Hogrefe.

Jokisaari, M. (2013). The role of leader-member and social network relations in newcomers' role performance. *Journal of Vocational Behavior, 82,* 96–104. https://doi.org/10.1016/j.jvb.2013.01.002

Jones, G.R. (1986). Socialization tactics, self-efficacy, and newcomers' adjustments to organizations. *Academy of Management Journal*, 29, 262–279. Kalleberg, A.L., Reynolds, J. & Marsden, P.V. (2003). Externalizing employment: Flexible staffing arrangements in U.S. organizations. *Social Science Research, 32,* 525–552.

Kalleberg, A. L., Reynolds, J. & Marsden, P. V. (2003). Externalizing employment: Flexible staffing arrangements in U.S. organizations. *Social Science Research, 32,* 525–552. https://doi.org/10.1016/S0049-089X(03)00013-9

Kammeyer-Mueller, J.D. & Judge, T.A. (2008). A quantitative review of mentoring research: Test of a model. *Journal of Vocational Behavior, 72,* 269–283. https://doi.org/10.1016/j.jvb.2007.09.006

Kaplan, A.M. & Haenlein, M. (2010). Users of the world, unite! The challenges and opportunities of social media. *Business Horizons, 53,* 59–68. https://doi.org/10.1016/j.bushor.2009.09.003

Kauffeld, S. (2004). *Fragebogen zur Arbeit im Team (FAT).* Göttingen: Hogrefe.

Kim, T.Y., Cable, D.M. & Kim, S.P. (2005). Socialization tactics, employee proactivity, and person-organization fit. *Journal of Applied Psychology, 90,* 232–241. https://doi.org/10.1037/0021-9010.90.2.232

Kirnan, J.P., Farley, J.A. & Geisinger, K.F. (1989). The relationship between recruiting source, applicant quality, and hire performance: An analysis by sex, ethnicity, and age. *Personnel Psychology, 42,* 293–308. https://doi.org/10.1111/j.1744-6570.1989.tb00659.x

Klaas, B.S. & Dell'omo, G.G. (1997). Managerial use of dismissal: Organizational-level determinants. *Personnel Psychology, 50,* 927–954. https://doi.org/10.1111/j.1744-6570.1997.tb01489.x

Klein, H.J. & Heuser, A. (2008). The learning of socialization content: A framework for researching orientating practices. *Research in Personnel and Human Resources Management, 27,* 278–336.

Klein, H.J. & Polin, B. (2012). Are organizations on board with best practices onboarding? In C.R. Wanberg (Ed.), *The Oxford handbook of organizational socialization* (pp. 267–287). New York, NY: Oxford University Press.

Klein, H.J., Polin, B. & Leigh Sutton, K. (2015). Specific onboarding practices for the socialization of new employees. *International Journal of Selection and Assessment, 23,* 263–283. https://doi.org/10.1111/ijsa.12113

Kleinmann, M. (2013). *Assessment-Center* (2. Aufl.). Göttingen: Hogrefe.

Koene, B. & van Riemsdijk, M. (2005). Managing temporary workers: Work identity, diversity and operational HR choices. *Human Resource Management Journal, 15,* 76–92. https://doi.org/10.1111/j.1748-8583.2005.tb00141.x

Korte, R. & Lin, S. (2013). Getting on board: Organizational socialization and the contribution of social capital. *Human Relations, 66,* 407–428. https://doi.org/10.1177/0018726712461927

Korver, L.A. (2016). Make it or break it: Onboarding for mid-career leaders. *Training, 53,* 12–13.

Kraft, A. (2004). *Entscheidungen nach Misserfolg: Möglichkeiten der Deeskalation.* Nürnberg: Christina Mielentz.

Kraimer, M.L., Wayne, S.J., Liden, R.C. & Sparrowe, R.T. (2005). The role of job security in understanding the relationship between employees' perceptions of temporary workers and employees' performance. *Journal of Applied Psychology, 90,* 389–398. https://doi.org/10.1037/0021-9010.90.2.389

Kram, K.E. (1985). *Mentoring at work: Developmental relationships in organizational life.* Glenview, IL: Scott, Foresman.

Kram, K.E. (1988). Mentoring in the workplace. In D.T. Hall (Ed.), *Career development in organizations* (pp. 160–201). San Francisco: Jossey-Bass.

Kram, K.E. & Isabella, L.A. (1985). Mentoring alternatives: The role of peer relationships in career development. *Academy of Management Journal, 28,* 110–132. https://doi.org/10.2307/256064

Kristof, A.L. (1996). Person-Organization Fit: An integrative review of its conceptualizations, measurement, and implications. *Personnel Psychology, 49,* 1–49. https://doi.org/10.1111/j.1744-6570.1996.tb01790.x

Kropp, P., Danek, S., Purz, S., Dietrich, I. & Fritzsche, B. (2014). *Die vorzeitige Lösung von Ausbildungsverträgen. Eine Beschreibung vorzeitiger Lösungen in Sachsen-Anhalt und eine Auswertung von Bestandsdaten der IHK Halle-Dessau* (IAB-Forschungsbericht 13/2014). Nürnberg: Institut für Arbeitsmarkt- und Berufsforschung.

Lapointe, É., Vandenberghe, C. & Boudrias, J. (2013). Psychological contract breach, affective commitment to organization and supervisor, and newcomer adjustment: A three-wave moderated mediation model. *Journal of Vocational Behavior, 83,* 528–538. https://doi.org/10.1016/j.jvb.2013.07.008

Lapointe, É., Vandenberghe, C. & Boudrias, J. (2014). Organizational socialization tactics and newcomer adjustment: The mediating role of role clarity and affect-based trust relationships. *Journal of Occupational and Organizational Psychology, 87,* 599–624. https://doi.org/10.1111/joop.12065

Larsen, H.H. (1997). Do high-flyer programmes facilitate organizational learning? *Journal of Managerial Psychology, 12,* 48–59. https://doi.org/10.1108/02683949710164253

le Claire, G. (2016). Nach Betrugsfall: Autozulieferer Leoni schreibt Verlust. *Nürnberger Nachrichten,* 16.01.2016. Verfügbar unter http://www.nordbayern.de/wirtschaft/nach-betrugsfall-autozulieferer-leoni-schreibt-verlust-1.5621942

Lee, A.V., Vargo, J. & Seville, E. (2013). Developing a tool to measure and compare organizations' resilience. *Natural Hazards Review, 14,* 29–41. https://doi.org/10.1061/(ASCE)NH.1527-6996.0000075

Lefkowitz, J. (2000). The role of interpersonal affective regard in supervisory performance ratings: A literature review and proposed causal model. *Journal of Occupational and Organizational Psychology, 73,* 67–85. https://doi.org/10.1348/096317900166886

Locke, E.A. & Latham, G.P. (1990). *A theory of goal setting and task performance.* Englewood Cliffs, NJ: Prentice Hall.

Louis, M.R. (1980). Surprise and sense making: What newcomers experience in entering unfamiliar organizational settings. *Administrative Science Quarterly, 25,* 226–251. https://doi.org/10.2307/2392453

Loury, L.D. (2006). Some contacts are more equal than others: Informal networks, job tenure, and wages. *Journal of Labor Economics, 24,* 299–318. https://doi.org/10.1086/499974

Maier, G.W. (1998). Die erfolgreiche Eingliederung neuer Mitarbeiter: Das Ergebnis von Stellensuche und Einarbeitung. In L. von Rosenstiel., F.W. Nerdinger & E. Spieß (Hrsg.), *Von der Hochschule in den Beruf* (S. 99–114). Göttingen: Verlag für Angewandte Psychologie.

Major, D.A., Kozlowski, S.W.J., Chao, G.T. & Gardner, P.D. (1995). A longitudinal investigation of newcomer expectations, early socialization outcomes, and the moderating effects of role development factors. *Journal of Applied Psychology, 80,* 418–431. https://doi.org/10.1037/0021-9010.80.3.418

Marsden, P.V. (1994). The hiring process. *American Behavioral Scientist, 37,* 979–991. https://doi.org/10.1177/0002764294037007009

Maslach, C. & Jackson, S.E. (1981). The measurement of experienced burnout. *Journal of Occupational Behavior, 2,* 99–113. https://doi.org/10.1002/job.4030020205

Mencken, F.C. & Winfield, I. (1998). In search of the 'right stuff': The advantages and disadvantages of informal and formal recruiting practices in external labor markets. *American Journal of Economics and Sociology, 57,* 135–154.

Meschkutat, B., Stackelbeck, M. & Langenhoff, G. (2002). *Der Mobbing-Report.* Dortmund: Bundesanstalt für Arbeitsschutz und Arbeitsmedizin (BAuA).

Miller, V.D. & Jablin, F.M. (1991). Information seeking during organizational entry: Influences, tactics, and a model of the process. *Academy of Management Review, 16,* 92–120. https://doi.org/10.2307/258608

Mohr, G., Rigotti, T. & Müller, A. (2007). *Irritations-Skala zur Erfassung arbeitsbezogener Beanspruchungsfolgen (IS).* Göttingen: Hogrefe.

Montes, S.D. & Zweig, D. (2009). Do promises matter? An exploration of the role of promises in psychological contract breach. *Journal of Applied Psychology, 94,* 1243–1260. https://doi.org/10.1037/a0015725

Morrison, E.W. (2002). Newcomers' relationships: The role of social network ties during socialization. *Academy of Management Journal, 45,* 1149–1160. https://doi.org/10.2307/3069430

Moser, K. (1996). *Commitment in Organisationen.* Bern: Huber.

Moser, K. (2005). Recruitment sources and post-hire outcomes: The mediating role of unmet expectations. *International Journal of Selection and Assessment, 13,* 188–197 https://doi.org/10.1111/j.1468-2389.2005.00314.x

Moser, K., Hecker, D. & Galais, N. (2016). Der merkmalsorientierte Ansatz psychologischer Verträge. *Zeitschrift für Arbeits- und Organisationspsychologie, 60,* 2–17. https://doi.org/10.1026/0932-4089/a000194

Moser, K., Kemter, V., Wachsmann, K., Köver, N.Z. & Soucek, R. (2018). Evaluating rater trainings with double-pretest-one-posttest-designs: An analysis of testing effects and the moderating role of rater self-efficacy. *The International Journal of Human Resource Management, 29*(18), 2609–2631. https://doi.org/10.1080/09585192.2016.1254102

Moser, K. & Kraft, A. (2008). Eskalierendes Commitment gegenüber Mitarbeitern: Ein Rahmenmodell. *Gruppendynamik und Organisationsberatung, 39,* 107–126. https://doi.org/10.1007/s11612-008-0009-z

Moser, K. & Sende, C. (2014). Personalmarketing. In H. Schuler & U.P. Kanning (Hrsg.), *Lehrbuch der Personalpsychologie* (3. Aufl., S. 99–148). Göttingen: Hogrefe.

Moser, K., Soucek, R. & Hassel, A. (2014). Berufliche Entwicklung und organisationale Sozialisation. In H. Schuler & U.P. Kanning (Hrsg.), *Lehrbuch der Personalpsychologie* (3. Aufl., S. 449–500). Göttingen: Hogrefe.

Moser, K., Wolff, H.-G., Soucek, R. & Ziegler, M. (2020). Deeskalationstechniken: Ein Überblick. *Report Psychologie, 45*(6), 18–26.

Mowday, R., Porter, L. & Steers, R. (1982). *Employee-organization linkages. The psychology of commitment, absenteeism and turnover.* New York: Academic Press.

Mullen, B. & Copper, C. (1994). The relation between group cohesiveness and performance: An integration. *Psychological Bulletin, 115,* 210–227. https://doi.org/10.1037/0033-2909.115.2.210

Mullen, E.J. & Noe, R.A. (1999). The mentoring information exchange: When do mentors seek information from their protégés? *Journal of Organizational Behavior, 20,* 233–242. https://doi.org/10.1002/(SICI)1099-1379(199903)20:2<233::AID-JOB925>3.0.CO;2-F

Nerdinger, F.W. (2008). *Unternehmensschädigendes Verhalten erkennen und verhindern.* Göttingen: Hogrefe.

Ostroff, C. & Kozlowski, S.W.J. (1992). Organizational socialization as a learning process: The role of information acquisition. *Personnel Psychology, 45,* 849–874. https://doi.org/10.1111/j.1744-6570.1992.tb00971.x

Ostroff, C. & Kozlowski, S.W. (1993). The role of mentoring in the information gathering processes of newcomers during early organizational socialization. *Journal of Vocational Behavior, 42,* 170–183. https://doi.org/10.1006/jvbe.1993.1012

Parker, S.K. & Collins, C.G. (2010). Taking stock: Integrating and differentiating multiple proactive behaviors. *Journal of Management, 36,* 633–662. https://doi.org/10.1177/0149206308321554

Payne, S.C., Culbertson, S.S., Boswell, W.R. & Barger, E.J. (2008). Newcomer psychological contracts and employee socialization activities: Does perceived balance in obligations matter? *Journal of Vocational Behavior, 73,* 465–472. https://doi.org/10.1016/j.jvb.2008.09.003

Peterson, D.B. (2011). Executive coaching: A critical review and recommendations for advancing the practice. In S. Zedeck (Ed.), *APA Handbook of industrial and organizational psychology, Vol 2: Selecting and developing members for the organization* (pp. 527–566). Washington, DC: American Psychological Association.

Phillips, J.M. (1998). Effects of realistic job previews on multiple organizational outcomes: A meta-analysis. *Academy of Management Journal, 41,* 673–690. https://doi.org/10.2307/256964

Premack, S.L. & Wanous, J.P. (1985). A meta-analysis of realistic job preview experiments. *Journal of Applied Psychology, 70,* 706–719. https://doi.org/10.1037/0021-9010.70.4.706

Pritchard, R.D. Weaver, S.J. & Ashwood, E.L. (2012). *Applied Psychology Series: Evidence-based productivity improvement: A practical guide to the Productivity Measurement and Enhancement System (ProMES).* London: Routledge. https://doi.org/10.4324/9780203180341

Ragins, B.R. & Scandura, T.A. (1999). Burden or blessing? Expected costs and benefits of being a mentor. *Journal of Organizational Behavior, 20,* 493–509. https://doi.org/10.1002/(SICI)1099-1379(199907)20:4<493::AID-JOB894>3.0.CO;2-T

Rauen, C. (2014). *Coaching* (3. Aufl.). Göttingen: Hogrefe.

Reda, B. & Dyer, L. (2010). Finding employees and keeping them: Predicting loyalty in the small business. *Journal of Small Business and Entrepreneurship, 23,* 445–460. https://doi.org/10.1080/08276331.2010.10593495

Rehn, M.L. (1993). Die Eingliederung neuer Mitarbeiter. In K. Moser, W. Stehle & H. Schuler (Hrsg.), *Personalmarketing* (S. 77–95). Göttingen: Verlag für Angewandte Psychologie.

Rink, F., Kane, A.A., Ellemers, N. & Van der Vegt, G. (2013). Team receptivity to newcomers: Five decades of evidence and future research themes. *The Academy of Management Annals, 7,* 247–293. https://doi.org/10.5465/19416520.2013.766405

Robertson, I.T. & Kandola, R.S. (1982). Work sample tests: Validity, adverse impact and applicant reaction. *Journal of Occupational Psychology, 55,* 171–182. https://doi.org/10.1111/j.2044-8325.1982.tb00091.x

Rogers, J.K. (1995). Just a temp: Experience and structure of alienation in temporary clerical employment. *Work And Occupations, 22,* 137–166. https://doi.org/10.1177/0730888495022002002

Rose, P.S., Teo, S.T. & Connell, J. (2014). Converting interns into regular employees: The role of intern–supervisor exchange. *Journal of Vocational Behavior, 84,* 153–163. https://doi.org/10.1016/j.jvb.2013.12.005

Roth, C. (2007). *Partizipatives Produktivitätsmanagement (PPM) bei Spitzentechnologie nutzenden und wissensintensiven Dienstleistungen. Ergebnisse einer Studie bei einem internationalen Marktforschungsunternehmen.* Hamburg: Verlag Dr. Kovac.

Roth, C. & Moser, K. (2005). Partizipatives Produktivitätsmanagement (PPM) bei komplexen Dienstleistungen. *Zeitschrift für Personalpsychologie, 4,* 66–74. https://doi.org/10.1026/1617-6391.4.2.66

Roth, C. & Moser, K. (2009). Leistungsmanagement von Gruppen bei wissensintensiven Dienstleistungen. *Zeitschrift für Personalpsychologie, 8,* 24–34. https://doi.org/10.1026/1617-6391.8.1.24

Rybnikova, I. & Wilkmann, S. (2021). Betriebliche Integration von Geflohenen. *Zeitschrift für Arbeits- und Organisationspsychologie, 65*(2), 98–107. https://doi.org/10.1026/0932-4089/a000354

Saks, A.M. (1994). A psychological process investigation for the effects of recruitment source and organization information on job survival. *Journal of Organizational Behavior, 15,* 225–244. https://doi.org/10.1002/job.4030150305

Saks, A.M. (2015). Transfer of socialization. In K. Kraiger, J. Passmore, N. Rebelo dos Santos & S. Malvezzi (Eds.), *The Wiley Blackwell handbook of the psychology of training, development, and performance improvement* (pp. 68–91). Chichester, West Sussex: Wiley Blackwell.

Saks, A.M. & Ashforth, B.E. (1996). Proactive socialization and behavioral self-management. *Journal of Vocational Behavior, 48,* 301–323. https://doi.org/10.1006/jvbe.1996.0026

Saks, A.M., Uggerslev, K.L. & Fassina, N.E. (2007). Socialization tactics and newcomer adjustment: A meta-analytic review and test of a model. *Journal of Vocational Behavior, 70,* 413–446. https://doi.org/10.1016/j.jvb.2006.12.004

Scandura, T.A. & Ragins, B.R. (1993). The effects of sex and gender role orientation on mentorship in male-dominated occupations. *Journal of Vocational Behavior, 43,* 251–265. https://doi.org/10.1006/jvbe.1993.1046

Schaper, N. (2014). Psychologie der Arbeitssicherheit. In F.W. Nerdinger, G. Blickle & N. Schaper (Hrsg.), *Arbeits- und Organisationspsychologie* (3. Aufl., S. 489–515). Berlin: Springer.

Schmidt, K.-H. & Hollmann, S. (1998). Eine deutschsprachige Skala zur Messung verschiedener Ambiguitätsfacetten bei der Arbeit. *Diagnostica, 14,* 21–29.

Schneider, T. & Becker, M. (2015). *Mitarbeiter-Compliance: Strategien für die erfolgreiche Einbindung.* Berlin: Erich Schmidt Verlag. https://doi.org/10.37307/b.978-3-503-15853-9

Schreiner, E. & Schmid, E. (2015). Onboarding und Führung in den ersten 100 Tagen. In C. Peus, S. Braun, T. Hentschel & D. Frey (Hrsg.), *Personalauswahl in der Wissenschaft* (S. 161–172). Heidelberg: Springer.

Schuler, H. (2014). *Psychologische Personalauswahl. Eignungsdiagnostik für Personalentscheidungen und Berufsberatung* (4. Aufl.). Göttingen: Hogrefe.

Schuler, H. & Mussel, P. (2016). *Einstellungsinterviews vorbereiten und durchführen.* Göttingen: Hogrefe. https://doi.org/10.1026/02397-000

Schuler, R.S. & Jackson, S.E. (1987). Linking competitive strategies with human resource management practices. *Academy of Management Executive, 1,* 207–219.

Scott, C.P.R., Dieguez, T.A., Deepak, P., Gu, S. & Wildman, J.L. (2022). Onboarding during COVID-19: Create structure, connect people, and continue adapting. *Organizational Dynamics, 51*(2), 100828. https://doi.org/10.1016/j.orgdyn.2021.100828

Seibert, M., Preuss, S. & Rauer, M. (2011). *Enterprise Wikis. Die erfolgreiche Einführung von Wikis in Unternehmen.* Wiesbaden: Gabler.

Sende, C. & Galais, N. (2014). Unternehmensflexibilität und personelle Flexibilisierungsstrategien in Deutschland. In C. Schlick, K. Moser & M. Schenk (Hrsg.), *Produktionskapazitäten flexibel managen* (S. 1–80). Heidelberg: Springer.

Sende, C. & Vitera, J. (2013). Commitment und Arbeitszufriedenheit bei Zeitarbeitnehmern und Stammbeschäftigten. In M. Bornewasser & G. Zülch (Hrsg.), *Arbeitszeit – Zeitarbeit. Flexibilisierung der Arbeit: Herausforderungen und Perspektiven* (S. 281–304). Wiesbaden: Springer Gabler.

Siebert, W.S. & Zubanov, N. (2009). Searching for the optimal level of employee turnover: A study of a large U.K. retail organization. *Academy of Management Journal, 52,* 294–313. https://doi.org/10.5465/amj.2009.37308149

Sitzmann, T. & Yeo, G. (2013). A meta-analytic investigation of the within-person self-efficacy domain: Is self-efficacy a product of past performance or a driver of future performance? *Personnel Psychology, 66,* 531–568. https://doi.org/10.1111/peps.12035

Ślebarska, K. & Soucek, R. (2020). Change of organizational newcomers' unmet expectations: Does proactive coping matter? *PLoS ONE, 15*(12), e0243234. https://doi.org/10.1371/journal.pone.0243234

Ślebarska, K., Soucek, R. & Moser, K. (2019). Increasing proactive coping in organizational newcomers: Improving job adaptation or rocking the boat? *Journal of Career Development, 46*(3), 295–313. https://doi.org/10.1177/0894845318763947

Slichter, S. H., Healy, J. J. & Livernash, E. R. (1960). *The impact of collective bargaining on management.* Washington: Brookings Institution.

Sodenkamp, D. & Schmidt, K.-H. (2000). Weiterentwicklung und Konstruktvalidierung eines Verfahrens zur Messung erlebter Rollenambiguität bei der Arbeit. *Zeitschrift für Arbeitswissenschaft, 54,* 37–43.

Solga, M., Ryschka, J. & Mattenklott, A. (2011). Personalentwicklung: Gegenstand, Prozessmodell, Erfolgsfaktoren. In J. Ryschka, M. Solga & A. Mattenklott (Hrsg.), *Praxishandbuch Personalentwicklung: Instrumente, Konzepte, Beispiele* (S. 19–34). Wiesbaden: Gabler.

Soucek, R. & Moser, K. (2010). Coping with information overload in email communication: Evaluation of a training intervention. *Computers in Human Behavior, 26,* 1458–1466. https://doi.org/10.1016/j.chb.2010.04.024

Soucek, R. & Moser, K. (2017). *Pre-decisional deliberation and de-escalation of commitment.* Unveröffentliches Manuskript, Friedrich-Alexander-Universität Erlangen-Nürnberg, Nürnberg.

Soucek, R., Pospech, I. & Moser, K. (2010). Evaluation eines Trainings zur Förderung sozialer Kompetenzen von Auszubildenden. *Zeitschrift für Arbeits- und Organisationspsychologie, 54,* 182–191. https://doi.org/10.1026/0932-4089/a000032

Soucek, R., Ziegler, M., Schlett, C. & Pauls, N. (2016). Resilienz im Arbeitsleben – Eine inhaltliche Differenzierung von Resilienz auf den Ebenen von Individuen, Teams und Organisationen. Gruppe. Interaktion. Organisation. *Zeitschrift für Angewandte Organisationspsychologie (GIO), 47,* 131–137. https://doi.org/10.1007/s11612-016-0314-x

Spitzmüller, C. & Stanton, J. F. (2006). Examining employee compliance with organizational surveillance and monitoring. *Journal of Occupational and Organizational Psychology, 79,* 245–272. https://doi.org/10.1348/096317905X52607

Stajkovic, A. D. & Luthans, F. (2003). Behavioral management and task performance in organizations: Conceptual background, meta-analysis, and test of alternative models. *Personnel Psychology, 56,* 155–194. https://doi.org/10.1111/j.1744-6570.2003.tb00147.x

Statista (2022). *Die Content Marketing Trendstudie 2022.* Verfügbar unter https://statista.design/content-marketing-trendstudie-2022/

Statista (2023a). *12531-0001: Schutzsuchende: Deutschland, Stichtag, Geschlecht/Altersjahre/Familienstand.* Verfügbar unter https://www-genesis.destatis.de/genesis/online

Statista (2023b). *12531-0002: Schutzsuchende: Deutschland, Stichtag, Geschlecht/Altersjahre/Familienstand,* Ländergruppierungen/Staatsangehörigkeit. Verfügbar unter https://www-genesis.destatis.de/genesis/online

Statista (2023c). *12511-0001: Einbürgerungen von Ausländern: Deutschland, Jahre.* Verfügbar unter https://www-genesis.destatis.de/genesis/online

Statista (2023d). *12711-0001: Gesamtwanderungen über die Grenzen der Bundesländer: Deutschland, Jahre, Nationalität, Geschlecht.* Verfügbar unter https://www-genesis.destatis.de/genesis/online

Statista (2023e). *Bevölkerung mit und ohne Migrationshintergrund (im weiteren Sinne) in Deutschland nach Beteiligung am Erwerbsleben im Jahr 2022.* Verfügbar unter https://de.statista.com/statis

tik/daten/studie/3384/umfrage/bevoelkerung-mit-migrationshintergrund-nach-beteiligung-am-erwerbsleben/

Staw, B.M. (1976). Knee-deep in the big muddy: A study of escalating commitment to a chosen course of action. *Organizational Behavior and Human Performance, 16,* 27–44. https://doi.org/10.1016/0030-5073(76)90005-2

Staw, B.M. & Hoang, H. (1995). Sunk costs in the NBA: Why draft order affects playing time and survival in professional basketball. *Administrative Science Quarterly, 40,* 474–494. https://doi.org/10.2307/2393794

Steßl, A. (2012). *Effektives Compliance-Management in Unternehmen.* Wiesbaden: VS Verlag für Sozialwissenschaften. https://doi.org/10.1007/978-3-531-94235-3

Strauss, K., Griffin, M.A. & Rafferty, A.E. (2009). Proactivity directed toward the team and organization: The role of leadership, commitment and role-breadth self-efficacy. *British Journal of Management, 20,* 279–291. https://doi.org/10.1111/j.1467-8551.2008.00590.x

Sutcliffe, K.M. & Vogus, T.J. (2003). Organizing for resilience. In K.S. Cameron, J.E. Dutton & R.E. Quinn (Eds.), *Positive organizational scholarship: Foundations of a new discipline* (pp. 94–110). San Francisco, CA: Berrett-Koehler.

Theeboom, T., Beersma, B. & van Vianen, A.E. (2013). Does coaching work? A meta-analysis on the effects of coaching on individual level outcomes in an organizational context. *The Journal of Positive Psychology, 9,* 1–18. https://doi.org/10.1080/17439760.2013.837499

Thom, N. & Giesen, B. (1998). Gestaltungselemente für Trainee-Programme. In N. Thom & B. Giesen (Hrsg.), *Entwicklungskonzepte und Personalmarketing für den Fach- und Führungsnachwuchs* (2. Aufl., S. 6–33). Köln: Staufenbiel.

Thorsteinsson, T.J., Palmer, E.M., Wulff, C. & Anderson, A. (2004). Too good to be true? Using realism to enhance applicant attraction. *Journal of Business and Psychology, 19,* 125–137. https://doi.org/10.1023/B:JOBU.0000040276.75748.b9

Trice, H.M. & Morand, D.A. (1989). Rites of passage in work careers. In M.B. Arthur, D.T. Hall & B.S. Lawrence (Eds.), *Handbook of career theory* (pp. 397–416). New York, NY: Cambridge University Press.

Tumen, S. (2015). *Informal versus formal search: Which yields a better pay?* (IZA Discussion Paper No. 9573). Retrieved from http://ssrn.com/abstract=2708386

Underhill, C.M. (2006). The effectiveness of mentoring programs in corporate settings: A meta-analytical review of the literature. *Journal of Vocational Behavior, 68,* 292–307. https://doi.org/10.1016/j.jvb.2005.05.003

van Dick, R. (2017). *Identifikation und Commitment fördern* (2. Aufl.). Göttingen: Hogrefe. https://doi.org/10.1026/02806-000

van Dick, R. & West, M.A. (2013). *Teamwork, Teamdiagnose, Teamentwicklung* (2. Aufl.). Göttingen: Hogrefe.

Van Maanen, J. (1978). People processing: Strategies of organizational socialization. *Organizational Dynamics, 7,* 18–36. https://doi.org/10.1016/0090-2616(78)90032-3

Van Maanen, J. & Schein, E.H. (1979). Toward a theory of organizational socialization. In B.M. Staw (Ed.), *Research in Organizational Behavior* (Vol. 1, pp. 209–266). Greenwich, CT: JAI Press.

Wanous, J.P. (1992). *Organizational entry: Recruitment, selection, orientation, and socialization of newcomers.* Reading, MA: Addison-Wesley.

Wanous, J.P. (1993). Newcomer orientation programs that facilitate organizational entry. In H. Schuler, J.L. Farr & M. Smith (Eds.), *Personnel selection and assessment: Organizational and individual perspectives* (pp. 125–139). Hillsdale, NJ: Erlbaum.

Wanous, J.P. & Reichers, A.E. (2000). New employee orientation programs. *Human Resource Management Review, 10,* 435–451. https://doi.org/10.1016/S1053-4822(00)00035-8

Wegge, J., Jungmann, F., Schmidt, K.-H. & Liebermann, S. (2011). Das Miteinander der Generationen am Arbeitsplatz. *iga Report, 21,* 64–97.

Wegge, J. & Schmidt, K.-H. (2015). *Diversity Management. Generationenübergreifende Zusammenarbeit fördern*. Göttingen: Hogrefe.

Wehner, T., Gentile, G.C. & Güntert, S.T. (2015). Bürgersinn. In K. Moser (Hrsg.), *Wirtschaftspsychologie* (2. Aufl., S. 303–321). Heidelberg: Springer.

Weick, K.E. (1995). *Sensemaking in organizations*. Thousand Oaks, CA: Sage.

Weick, K.E. & Sutcliffe, K.M. (2010). *Das Unerwartete managen: Wie Unternehmen aus Extremsituationen lernen*. Stuttgart: Schäffer-Poeschel.

Weitzel, T., Maier, C., Weinert, C., Pflügner, K., Oehlhorn, C., Wirth, J. & Laumer, S. (2020). *Social Recruiting und Active Sourcing: Ausgewählte Ergebnisse der Recruiting Trends 2020*. Verfügbar unter https://www.uni-bamberg.de/fileadmin/uni/fakultaeten/wiai_lehrstuehle/isdl/Recruiting_Trends_2020/Studien_2020_01_Social_Recruiting_Web.pdf

Wesson, M.J. & Gogus, C.I. (2005). Shaking hands with a computer: An examination of two methods of organizational newcomer orientation. *Journal of Applied Psychology, 90,* 1018–1026. https://doi.org/10.1037/0021-9010.90.5.1018

West, M.A. (Ed.). (1996). *Handbook of work group psychology*. New York: Wiley.

West, M.A. (2004). *Effective teamwork: Practical lessons from organizational research*. Oxford: Blackwell.

Whyte, G. (1991). Diffusion of responsibility: Effects on the escalation tendency. *Journal of Applied Psychology, 76,* 408–415. https://doi.org/10.1037/0021-9010.76.3.408

Willyerd, K. (2012). Social tools can improve employee onboarding. *Harvard Business Review*. Retrieved from https://hbr.org/2012/12/social-tools-can-improve-e

Wolff, H.-G. & Moser, K. (2009). Effects of networking on career success: A longitudinal study. *Journal of Applied Psychology, 94,* 196–206. https://doi.org/10.1037/a0013350

Wrzesniewski, A. & Dutton, J.E. (2001). Crafting a job: Revisioning employees as active crafters of their work. *The Academy of Management Review, 26,* 179–201. https://doi.org/10.2307/259118

Yalabik, Z.Y. (2013). Mergers and acquisitions: Does organizational socialization matter? *Human Resource Development International, 16,* 519–537. https://doi.org/10.1080/13678868.2013.813739

Zeschke, M. & Zacher, H. (2022). *Homeoffice*. Göttingen: Hogrefe. https://doi.org/10.1026/03130-000

Zhang, F. & Parker, S. K. (2022). Reducing demands or optimizing demands? Effects of cognitive appraisal and autonomy on job crafting to change one's work demands. *European Journal of Work and Organizational Psychology, 31,* 641–654. https://doi.org/10.1080/1359432X.2022.2032665

Zikic, J., Bonache, J. & Cerdin, J. (2010). Crossing national boundaries: A typology of qualified immigrants' career orientations. *Journal of Organizational Behavior, 31,* 667–686. https://doi.org/10.1002/job.705

Zohar, D. & Polachek, T. (2014). Discourse-based intervention for modifying supervisory communication as leverage for safety climate and performance improvement: A randomized field study. *Journal of Applied Psychology, 99,* 113–124. https://doi.org/10.1037/a0034096

Zschirnt, E. & Ruedin, D. (2016). Ethnic discrimination in hiring decisions: A meta-analysis of correspondence tests 1990–2015. *Journal of Ethnic and Migration Studies, 42*(7), 1115–1134. https://doi.org/10.1080/1369183X.2015.1133279

9 Anhang: Interviewleitfaden zum Onboarding

Interviewleitfaden zum Onboarding	
Dieser Leitfaden dient als Orientierung für ein Gespräch am Ende eines Onboarding-Programms. Hier sollen zum einen der Status quo ermittelt werden und zum anderen Verbesserungsvorschläge für das Onboarding gesammelt werden. Das Gespräch kann die direkte Führungskraft oder ein HR Business Partner durchführen.	
Fragen	**Kommentare/Notizen**
INFORM	
Sind alle technischen und arbeitsplatzbezogenen Einrichtungen voll funktionsfähig? Fehlt irgendetwas? (E-Mail-Adresse, Hardware, Software, Einrichtung)	
Hatten Sie Gelegenheit, die Geschäftsleitung (CEO, Top-Management) persönlich kennenzulernen?	
Gab es regelmäßige Treffen mit Ihrer direkten Führungskraft? Was konnten Sie aus diesen Treffen für sich mitnehmen?	
Gab es formelle Treffen mit Kolleginnen oder Kollegen zur Einarbeitung in fachliche Themen?	
Haben Sie einen guten Überblick über Ihre Aufgaben und Ihren Verantwortungsbereich gewinnen können?	

Fragen	Kommentare/Notizen
INFORM	
Gab es einen Einarbeitungsplan und wenn ja, zu wieviel Prozent sind die Ziele und Inhalte bis heute umgesetzt worden?	
Wie beurteilen Sie die Services für neue Beschäftigte, die unser HR-Bereich bereitstellt? (z. B. New Employee Helpdesk, E-Learning-Angebote, Onboarding-Plattform)	
Kommen Sie gut mit unseren Online-Tools zurecht? (z. B. Wikis, Intranet)	
Hatten Sie Gelegenheit, sich mit unseren Werten, der Compliance und den (IT-)Sicherheitsvorschriften vertraut zu machen?	
Wie würden Sie Ihren Arbeitsplatz in punkto Sicherheit, Gesundheit und Ergonomie bewerten? Können wir hier etwas verbessern?	

Fragen	Kommentare/Notizen
WELCOME	
(Bei Zuzug des neuen Teammitglieds) Wie hat das Ankommen hier am Standort für Sie und Ihre Familie geklappt? (z. B. Umzug, Wohnungssuche etc.)	
Wie wurden die ersten Tage für Sie gestaltet? Gab es besondere Momente, an die Sie sich auch heute noch gerne erinnern?	
Gab es spezielle teambildende Maßnahmen und wenn ja, wie haben Sie diese empfunden?	
GUIDE	
Wurde Ihnen in den ersten Tagen ein Guide zur Seite gestellt? (Buddy, Mentor, Coach)	
Gab es regelmäßige Treffen mit Ihrem Guide?	
Was kann man an unserem Guide-Konzept vielleicht noch verbessern?	
Weitere Kommentare und Anregungen:	

10 Sachregister

Praxis der Personalpsychologie

Human Resource Management kompakt

Herausgegeben von Jörg Felfe, Benedikt Hell, Rüdiger Hossiep, Martin Kleinmann und Bettina Kubicek

R. Hossiep / W. Berndt / J. Zens

Mitarbeiter-gespräche

Motivierend, wirksam, nachhaltig

Band 16

*3., überarb. und erw. Auflage 2024, ca. 160 Seiten, ISBN 978-3-8017-3238-7**

T. Kortsch / J. Decius / H. Paulsen

Lernen in Unternehmen

Formal, informell, selbstreguliert

Band 43

*2024, VIII/172 Seiten, ISBN 978-3-8017-3093-2**

A. Häfner / J. Hartmann-Pinneker

Wertschätzung in Organisationen fördern

Band 42

*2023, VI/160 Seiten, ISBN 978-3-8017-3128-1**

M. Zeschke / H. Zacher

Homeoffice

Band 41

*2022, VII/151 Seiten, ISBN 978-3-8017-3130-4**

Der Einzelpreis pro Band beträgt € 26,95 (DE) / € 27,80 (AT) / CHF 36.90
** Dieser Titel ist auch als eBook erhältlich.*

Sparen Sie mehr als 20 %

Bestellen Sie jetzt die Reihe zur Fortsetzung zum günstigeren Abo-Preis.

Ein Abo beginnt immer mit dem nächsten Band, der erscheint. Ihre Fortsetzungsbestellung umfasst eine Mindestabnahme von vier Titeln in Folge.

Mehr zur Reihe erfahren Sie unter:
www.hgf.io/ppp

www.hogrefe.com

J. Felfe

Mitarbeiter-bindung

Reihe: Wirtschaftspsychologie

*2., überarb. und erw. Auflage 2020, 302 Seiten, geb., € 39,95 (DE)/€ 41,10 (AT)/CHF 52.50, ISBN 978-3-8017-2505-1**

H. Schuler/K. Moser (Hrsg.)

Lehrbuch Organisationspsychologie

*6., überarb. Auflage 2019, 712 Seiten, geb., € 79,95 (DE)/€ 82,20 (AT)/CHF 102.00, ISBN 978-3-456-85997-2**

H. Schuler

Das Einstellungs-interview

*2., überarb. Auflage 2018, 370 Seiten, geb., € 39,95 (DE)/€ 41,10 (AT)/CHF 52.50, ISBN 978-3-8017-2871-7**

G. Ontrup/V. Hagemann/A. Kluge

HR-Analytics

Eine Einführung in ganzheitliches, datengestütztes Personalmanagement

Reihe: Wirtschaftspsychologie

*2024, 220 Seiten, inkl. Online-Materialien, € 36,95 (DE)/€ 38,00 (AT)/CHF 48.90, ISBN 978-3-8017-3112-0**

A. Schütz/C. Köppe/M. Andresen

Was Führungs-kräfte über Psychologie wissen sollten

Theorie und Praxis für den Umgang mit Mitarbeitenden

*2020, 296 Seiten, € 39,95 (DE)/€ 41,10 (AT)/CHF 52.50, ISBN 978-3-456-85630-8**

A. Schulz-Dadaczynski et al.

Arbeitsintensität

Umgang mit Zeitdruck, Leistungsdruck und Informationsflut in der betrieblichen Praxis

Reihe: Managementpsychologie, Band 4

*2022, 140 Seiten, € 26,95 (DE)/€ 27,80 (AT)/CHF 36.90, ISBN 978-3-8017-2977-6**

** Dieser Titel ist auch als eBook erhältlich.*

www.hogrefe.com